PETER BERTHOLD

Mein Leben — für die Vögel

UND MEINE 60 JAHRE MIT
DER VOGELWARTE RADOLFZELL

KOSMOS

Dieses Buch ist den Tausenden von ehrenamtlichen Mitarbeitern gewidmet, die die Arbeit der Vogelwarte Radolfzell/Rossitten 115 Jahre lang tatkräftig unterstützt haben.

Inhalt

Das große Los

Wenigen ist vergönnt, über 60 Jahre in einem weltberühmten Institut tätig zu sein und zudem gut die Hälfte dieser Zeit – 37 Jahre, so lange wie kein anderer – dessen Geschicke mitbestimmen zu können. Ich habe dieses große Los mit der Vogelwarte Radolfzell gezogen. Die Vogelwarte Rossitten/Radolfzell wird heuer 115 Jahre alt. Nach erstem Kontakt mit diesem Institut 1952 als 13-Jähriger wurde ich 1955 ehrenamtlicher Mitarbeiter („Beringer"), danach studentische Hilfskraft, Doktorand, Postdoc-Stipendiat, wissenschaftlicher Mitarbeiter, Örtlicher Leiter und schließlich Direktor, 2005 bekam ich einen Emeritus-Arbeitsplatz, auch für meinen „neuen Beruf" als „Landschaftsgestalter für Naturschutzzwecke".

Seit langem werde ich gedrängt, die „alte" und die miterlebte Geschichte dieses altehrwürdigen Instituts darzustellen. Der Kosmos-Verlag hat mir dazu einen idealen Vorschlag gemacht: eine Kombination aus meinem Lebenslauf und der Geschichte der Vogelwarte. Dieses Werk halten Sie nun in den Händen. Was ich niedergeschrieben habe, soll keine erschöpfende Chronik sein, sondern eine „farbige" Darstellung der wichtigsten Ereignisse und Entwicklungen.

Dabei bezwecke ich: Zum einen möchte ich dem einzigartigen Institut ein bleibendes Denkmal setzen. Zum anderen will ich meine ganz außergewöhnliche Arbeitsgruppe würdigen, mit der wir rund 30 Jahre lang umfangreich, vielseitig und richtungsweisend in einer Form forschten, wie es wohl nie mehr möglich sein wird. Und schließlich möchte ich Freunden des Instituts und allen Interessierten gern zeigen, wie nahezu unglaublich wechselvoll die Geschicke eines so langlebigen Instituts sein können – wie gute und schlechte Zeiten, Höhenflug und tiefer Fall, besondere Umstände oder auch gute und weniger gute Freunde und vieles mehr seinen Werdegang bestimmten, so wie im Leben vieler Menschen.

Und dann muss ich natürlich schildern, wie mich schon zu Beginn meiner Schulzeit im fernen Osten unseres Landes eine beringte Kohlmeise auf die Vogelwarte aufmerksam machte, wie mich bald danach eine schicksalhafte Fügung in deren Nähe brachte und ich beginnen konnte, mich an das „Ornithologen-Paradies im Märchenschloss" anzupirschen. Und wie es schließlich nach einer ganzen Kaskade von Strategien und manch glücklichem Umstand möglich wurde, das Ziel zu erreichen – bis zum „Schlossherrn auf Zeit".

Beim Schreiben habe ich mich bemüht: so wahrhaft und ehrlich wie möglich, ungeschminkt und nicht glorifizierend, auch herzhaft kritisch, aber eher milde als nachtragend – ich hoffe, es ist mir gelungen. Und dann möchte ich mich ganz herzlich bedanken bei Frau Dipl.-Biol. Bärbel Oftring, Böblingen, und Frau Dipl.-Biol. Stefanie Tommes vom Kosmos-Verlag für die außergewöhnlich gute Zusammenarbeit bei der Herstellung des Buches, die durchweg Freude bereitet hat.

Peter Berthold

Vom Waldschrat zur Wissenschaft

Mein langer Weg zur Vogelwarte

Ich bin nicht nur Ornithologe – also Vogelliebhaber, Vogelkundler oder Zoologe mit Schwerpunkt in der Tierklasse Aves –, sondern auch Ornithomane, vielleicht sogar Ornithopath, also den Piepmätzen regelrecht verfallen. Woher das kommt, ist letztlich nicht zu klären, aber ich kann beschreiben, wie es begann und schlimmer wurde.

Vorweg aber noch ein Wort an diejenigen, denen es ähnlich geht: Wir befinden uns mit unserer Manie oder Passion in riesiger Gesellschaft. Vögel sind nämlich die beliebtesten Mitlebewesen, die wir kennen. Keine andere Gruppe von Tieren oder Pflanzen hat so viele Forscher, Liebhaber und Naturschützer in ihren Bann gezogen wie die Vögel – ihre Anzahl beträgt weltweit viele Millionen. Die Ursachen dafür: Vögel sind nicht nur wegen ihrer Farbenpracht in oftmals bizarrem Gefieder herrlich anzuschauen, sondern betören zudem durch eine ganze Klangwelt an Rufen und Gesängen, faszinieren durch bewundernswerten Flug und vielfältiges Verhalten. Außerdem sind sie uns tagtäglich Kumpane, wo immer wir leben – im Urwald, in Wüsten, Hochgebirgen, auf Weltmeeren und in arktischen Tundren bis in unsere Hausgärten und aufs Fensterbrett.

Die Begeisterung für die Vogelwelt ist mir nicht unmittelbar in die Wiege gelegt worden – keiner meiner Vorfahren war Ornithologe –, wohl aber der Nährboden dafür: Meine Großeltern und Eltern waren ungemein naturbegeistert. Von meinem Großvater väterlicherseits, der bereits im Ersten Weltkrieg fiel, erzählte man: Von Beruf Schlosser fand er in der Natur Entspannung von seiner harten Arbeit. Ähnlich mein Großvater mütterlicherseits: Nach sechs Tagen Lärm, Hitze und Gestank in einer Werkstatt, die er als Schreinermeister leitete, pflegte er sonntags häufig eine Vorliebe: In aller Herrgottsfrühe aufzustehen, um dann im nahen Stadtpark von Zittau, meiner Geburtsstadt, den Sonnenaufgang zu erleben, die herrliche Morgenluft einzuatmen und vor allem im Frühjahr das Vogelkonzert zu genießen, auch wenn er nur wenige Vogelarten kannte.

Beide Großeltern – und im Gefolge auch meine Mutter – waren begeisterte Schrebergärtner, so dass auch ich von 1945 bis 1952 im Sommerhalbjahr jeden Nachmittag mit in den Garten pilgerte. Wenn dort auch ordentlich eingespannt, ist mir Gartenarbeit nie lästig geworden, im Gegenteil. Mich begeisterte nicht nur, dass wir in jenen schlechten Zeiten neben Kartoffeln, Kürbissen, Gurken, Äpfeln und Birnen auch „exotische" gelbe Tomaten oder schwarze Himbeeren hatten, die meine Klassenkameraden nicht einmal vom Hörensagen kannten – für mich war der Garten zudem auch Privatzoo. Dort konnte ich Meerschweinchen halten, im Brunnen Schmerlen und Moderlieschen, eine Zeitlang einen im Feld ergriffenen jungen Feldhasen sowie Rebhuhnküken, die ich in der städtischen Brutanstalt abholen konnte, nachdem ein in einem Gebüsch entdecktes und dorthin gebrachtes Gelege Transport und Brutapparat überstanden hatte.

Mein Vater hat mich schon als Kind in den Wald mitgenommen, etwa wenn er zur Jagd ging, aber davon ist mir wenig in Erinnerung geblieben, da wir – kriegsbedingt – erst ab 1953 Gelegenheit hatten, gemeinsame Naturfreunde zu werden. Und so wurde meine „Großmuttel" väterlicherseits – die „Kartoffelgroßmutter", wie ich sie nannte – zur wichtigsten prägenden Persönlichkeit für mich, vor allem für das Leben in und den Umgang mit der Natur. Sie lebte seinerzeit verwitwet allein in Olbersdorf, dem Nachbarort von Zittau in Richtung Zittauer Gebirge, unweit des idyllischen Ferienortes Oybin. Dort wohnte sie in einem Siedlerhäuschen neben einer Reihe von Bauernhöfen, also richtig auf dem Lande, wo neben einfachen Dörflern Rinder, Pferde, Schweine, Schafe, Ziegen, Karnickel, Hühner, Gänse, Enten, Tauben, Bienen und sogar Fasane, Pfauen u. a. lebten – alles Tiere, die mein Herz höher schlagen ließen. Dorthin marschierte ich – etwa zwei Stunden zu Fuß –, sooft ich nur durfte – am Samstagnachmittag, um das Wochenende bei ihr zu verbringen, und Sonntagabend ging's wieder zurück.

Kartoffelgroßmutter hatte ich sie genannt, weil sie sich ganz überwiegend von Kartoffeln ernährte – in jeglicher Form, am liebsten von „Mauke", also Kartoffelpüree, das dadurch noch heute Götterspeise für mich ist. Lange Zeit hatte ich sogar geglaubt, sie lebe ausschließlich von Kartoffeln und hätte dadurch die etwas knollenförmige Verdickung ihrer Nase bekommen …

Adalbert Stifter hätte sie ganz anders benannt: die Waldlerin. Sie war dem Walde in den Zittauer Bergen bis in die entlegensten Winkel an der tschechischen Grenze so verbunden, ja fast mit ihm verwoben, dass sie meiner Fantasie nach in Skandinavien als Norne hätte leben können, und in ihrer Begleitung fühlte ich mich im Walde als der geborene kleine Waldschrat. Der Wald war ihr wie Lebensraum und Lebensquell. In ihn tauchten wir ein, sooft es Zeit und Wetter erlaubten, sammelten Leseholz, Zapfen, kämmten Heidel- und Preiselbeeren von den Sträuchern und füllten ganze Körbe voller Speisepilze vieler verschiedener Arten, die sie sehr wohl kannte. Darauf aufbauend kann ich heute weit über 100 essbare Pilzarten unserer Wälder gefahrlos verwenden.

Da seinerzeit in Zittau Pilze als Nahrungsmittel sehr begehrt waren, nahm ich bisweilen einen großen Korb voll mit in die Stadt und verkaufte sie auf dem Schulweg an ein Lebensmittelgeschäft. Das verdiente Geld und weiteres, das ich mir durch Kräutersammeln für die Stadtapotheke erwarb sowie durch den Verkauf von Kräuterbüscheln und Seerosenblüten beim Hausieren, summierte sich bis 1952 auf 250 Ostmark – und davon konnte ich mir bereits als Schulbub die Spiegelreflexkamera „Exa“ kaufen, also die kleine Schwester der berühmten „Exakta Varex“.

Bei so viel ständig erlebter Natur waren natürlich auch Vögel in ihrer ganzen Vielfalt meine tagtäglichen Begleiter, und sie schlugen mich mehr und mehr in ihren Bann, bis ich ihnen über einige Schlüsselerlebnisse schließlich gänzlich verfallen war – bis zum heutigen Tag.

Eine beringte Kohlmeise

Im Alter von zehn Jahren begeisterten mich unter den vielen Vögeln, die ich beobachtete und wozu mich ein Fernglas von meinem Großvater aus dem Ersten Weltkrieg besonders privilegierte, vor allem drei Vogelarten, die mich wegen ihrer grazilen Gestalt und exotischen Farbenpracht zutiefst faszinierten. Die Erstbegegnungen mit ihnen sind mir noch in so lebendiger Erinnerung, als wären sie gerade erst erfolgt: Schwanzmeisen – Federbällchen mit langem Schwanz, auch „Pfannenstielchen" genannt –, geschickt durch ein Stachelbeerbäumchen in einem Hausgarten in Olbersdorf turnend, der „fliegende Edelstein" Eisvogel über dem Burgmühlgraben am Stadtrand von Zittau, dessen aufblitzendes Blau fast blendete, sowie etwa zehn Dompfaffen-Männchen – karminrot leuchtende Federkugeln – vor dem Hintergrund weiß verschneiter Büsche im Stadtpark an der Weberkirche.

Nachdem mir mit viel Mühe auch noch gelang herauszufinden, was ich beobachtet hatte – ein erstes Vogelbüchlein erhielt ich erst zwei Jahre später –, ließen mich die Vögel nicht mehr los. Ich begann alsbald Vogeleier zu sammeln und, wie das unter sächsischen Vogelliebhabern nicht selten vorkam, auch „schwarz" Vögel zu fangen. Mit einer ausgedienten Zigarrenschachtel mit Schlagnetz versehen – von einem alten Vogelfänger organisiert –, ließen sich auf dem Fensterbrett Meisen, Finken, Ammern und andere Vögel fangen. So bekam ich Vögel auch in die Hand und konnte sie aus nächster Nähe betrachten, bevor ich sie wieder fliegen ließ.

Einen märchenhaft gelbgrün leuchtenden Grünling gewöhnte ich jedoch in einen Käfig ein und schenkte ihn meiner Kartoffelgroßmutter, bei der er jahrelang im Freiflug in der Küche lebte. Ich durfte mir im Zoofachgeschäft am Rathausplatz einen wunderschön singenden Girlitz kaufen. Was ich damals noch nicht ahnen konnte: Mit der dadurch erweckten Leidenschaft für Käfigvögel wurde der Grundstein gelegt für spätere so ausgeklügelte Vogelhaltung und -zucht, dass wir damit die Spitzenforschung erreichten.

Unter den Fensterbrett-Zigarrenkisten-Fänglingen war dann am 19. November 1952 das absolute „Highlight": eine Kohlmeise mit einem Aluminiumring am Bein. Er trug die Prägung: „H69870 Radolfzell Germania". Auf mein großes Erstaunen, dass eine Kohlmeise von Radolfzell am Bodensee bis nach Zittau gewandert sein sollte, folgte alsbald eine gewisse Ernüchterung: Die Meise war von einem Herrn Heinz Knobloch, Lehrer und wohnhaft in unserer Nachbarschaft, in Zittau unweit von meinem Fangplatz „für wissenschaftliche Zwecke" beringt worden. So etwas durfte er, denn er war ehrenamtlicher Mitarbeiter und Beringer der Vogelwarte Radolfzell, die damals für Ostdeutschland zuständig war.

Damit hatte ich durch die beringte Meise zwei wichtige Dinge erfahren: Es gibt also eine Vogelwarte, und für die kann man – ganz legal für wissenschaftliche Zwecke – Vögel fangen! Das war faszinierend, und die Vorstellung, so etwas auch einmal machen zu können, ließ mich nicht mehr los.

Als es das Schicksal wollte, dass meine Mutter mit mir 1953 nach Württemberg übersiedelte, wo wir uns mit meinem aus englischer Kriegsgefangenschaft zurückgekehrten Vater wieder zusammenfinden konnten, galt eine meiner ersten Fahrradtouren der Vogelwarte Radolfzell. Sie war in dem herrlichen Wasserschloss Möggingen bei Radolfzell am Bodensee untergebracht, und damals begnügte ich mich natürlich damit, sie zunächst nur aus der Ferne zu beäugen. Danach überlegte ich, wie ich mich diesem „Ornithologen-Olymp" meiner Träume nähern konnte, ohne aufdringlich zu sein oder gar eine Abfuhr für allmählich aufkommende Pläne zu riskieren.

Ein Mekka für Ornithologen

Vogelwarte Rossitten: Welterstgeburt

Im Jahre 1884 gab es einen „Wiener Kongress“ – nicht den, natürlich, um Fürst Metternich, aber einen für die Wissenschaft höchst bedeutsamen: Es war der „Erste Internationale Ornithologen-Congress“ – im Turnus von meist vier Jahren bis heute fortgeführt, zuletzt 2014 Nummer 26 in Tokio. Er fand am Hofe des Vogelliebhabers Kronprinz Erzherzog Rudolf statt und versammelte rund 140 namhafte Ornithologen Europas.

Damals war die Zeit reif für Überlegungen zur Einrichtung einer „Vogelwarte“. Zwar glaubte kaum mehr jemand ernsthaft an die Vorstellungen des Altertums, Zugvögel wie unsere Schwalben würden wie Frösche im Schlamm von Gewässern überwintern. Aber den Berichten von Reisenden, Störche, Schwalben u. a., die sich während unseres Winters bis in Südafrika tummeln, könnten aus unseren Breiten stammen, wurde auch mit großer Skepsis begegnet. Störche – vielleicht, aber 20 Gramm leichte Schwalben bis Südafrika? So verwundert es nicht, dass auf dem Congress lang über die „Einrichtung von Beobachtungsstationen über die ganze bewohnte Erde" beraten wurde und wie man den Rätseln des Vogelzugs auf den Leib rücken könnte.

Von dieser Idee von „Vogelwarten" – Sternwarten entsprechend – berichtete zuhause der deutsche Congress-Gesandte, der Ornithologe August Wilhelm Thienemann, Pfarrer in Thüringen, und begeisterte seinen 21-jährigen Sohn Johannes. Der Filius war damals, seiner Familie entsprechend, in der u. a. der durch „Brehms Tierleben" berühmte Zoologe Alfred Edmund Brehm verkehrte, bereits Naturfreund und der Jagd zugetan. Aber er studierte seinerzeit, der Mutter zuliebe, etwas „Ordentliches" – nämlich Theologie. Pastor Dr. Friedrich Lindner, damaliger Studienkamerad, erzählte ihm von dem Vogelparadies Kurische Nehrung in Ostpreußen, im Volksmund „Preußische Wüste" genannt, in die er 1888 vorgedrungen war. Und er ermunterte ihn – mit der neuen „Vogelwarte"-Idee im Kopf – zu einer Reise dorthin. Dazu Thienemann später: „... und so besuchte ich am 8. Juli 1896 zum ersten Male Rossitten – und kam nicht wieder davon los. Ich sah ... einen regelmäßig verlaufenden Vogelzug, so gewaltig, wie er bisher noch nie in Deutschland beobachtet worden war ... und ich wurde den Gedanken nicht los: ob sich hier nicht auf irgendeine Weise etwas Bleibendes schaffen ließe."

Thienemann hielt dann 1900 auf der Jahrestagung der Deutschen Ornithologen-Gesellschaft (DOG) einen zündenden Vortrag über „Zwecke und Ziele einer ornithologischen Beobachtungsstation in Rossitten". Die Idee begeisterte, und Thienemann erhielt von der DOG den Auftrag, zum 1. Januar 1901 die „Vogelwarte Rossitten" zu gründen. Damit hatten die hochtrabenden Gedankenspiele auf dem

Wiener Congress von einem Netz von Beobachtungsstationen über die ganze Erde immerhin zu einer Erstgeburt geführt – zur ersten Vogelwarte weltweit. Die nächsten folgten 1910 auf Helgoland und bald auch in anderen Ländern.

Der Anfang in Rossitten war unbeschreiblich schwer. Unter „unsäglichen Mühen“ wurde ein erstes Institutsgebäude im ehemaligen Atelier des Malers Heinrich Krüger – einer fensterlosen Bretterhütte – installiert, und ein erster Beobachtungsstand wurde aus Treibholz errichtet. Thienemann musste in seinem neuen Wirkungskreis rasch der Theologie abschwören und sich den Naturwissenschaften an der Universität Königsberg zuwenden. Dort promovierte er 1906 (über Bandwürmer) zum Dr. phil. und erhielt 1910 eine Professur. Inzwischen hatte er in seinem Einmannbetrieb in Rossitten längst begonnen, neun Hauptuntersuchungsgebiete zu beackern, die durch eine Satzung der DOG unter „Zweck der Vogelwarte“ vorgegeben waren:

1) Beobachtung des Vogelzuges, untergliedert in neun Teilgebiete wie Zugzeit der einzelnen Arten, Richtung der Wanderzüge oder Höhe und Schnelligkeit des Wanderfluges
2) Beobachtung der Lebensweise der Vögel
3) Untersuchung von Mauser und Verfärbung
4) Abschätzung des wirtschaftlichen Wertes der Vögel
5) Untersuchungen über zweckmäßigen Vogelschutz
6) Einrichtung einer Vogelsammlung
7) Beschaffung von Untersuchungsmaterial für wissenschaftliche Staatinstitute
8) Ausweitung einzelner Punkte auf andere Tierklassen
9) Verbreitung der Kenntnis des heimatlichen Vogellebens

Da hieß es schuften, improvisieren, kämpfen, auch überleben. Weil eine regelmäßige Vergütung trotz vielerlei Anfragen bei den zuständigen Ministerien jahrelang ausblieb, nahm Thienemann neben seinem ornithologischen Wirken „jede Tätigkeit an, die sich mir bot, um mich erst einmal in Rossitten fest- und durchzusetzen“. Aber er schaffte es, mit der richtigen Einstellung: „Ein dürftiger Sammlungsraum, ein Schrank mit ein paar ausgestopften Vögeln und ein Herz voll glühender Begeisterung für die Sache – das waren die Dinge, mit denen ich im Jahre 1901 ans Werk zu gehen versuchte.“ Und es lohnte sich! Die Arbeit in Rossitten machte rasante Fortschritte – und mit einer Pioniertat wurde das Institut alsbald weltberühmt: dem „Vogelberingungsexperiment“.

Thienemann führte die 1890 von dem dänischen Lehrer Christian Mortensen begonnene Beringung – Kennzeichnung mit Metallringen am Bein (Lauf) – 1903 als Großversuch ein. Schon bald erhielt er viele spektakuläre Rückmeldungen zu Störchen, Staren und anderen Arten. Damit erhellten sich schlagartig die bislang vermuteten Zugwege bis in fernste Winterquartiere in Afrika. Thienemann berichtete begeistert „in Wort, Lichtbild und Film“ in allen Medien in Deutschland und auch im Ausland über die neuen Erkenntnisse.

Wie sehr ihn die Beringung begeisterte, beschreibt er in köstlichen Worten: „Es gibt ja so viel Poesie, so viel Geheimnisvolles um diesen Versuch! Das spüre ich jetzt noch, obgleich ich schon so lange in dieser Arbeit stehe. Wenn so ein Stückchen Metall, von meinem Schreibtisch ausgegangen, über Länder und Meere getragen, in Nilwasser getaucht, in der Kalahari-Wüste getrocknet, von schwarzen wilden Menschen begafft oder mit heiliger Scheu betrachtet, dann plötzlich wieder vor mir auf meinem Schreibtisch liegt, dann strömt mir stets ein eigenartiger Zauber von diesem Ringlein entgegen. Mit diesem Zauber kann Interesse für unsere Vogelwelt geweckt werden, namentlich bei der Jugend. Ich mache mich anheischig, eine große Klasse voll der unbändigsten Jungen in einer Geografie- oder einer Naturgeschichtsstunde, in der das Beringungsexperiment zur Behandlung steht, zum unbedingten Stillsitzen und zu angespanntester Aufmerksamkeit zu zwingen. Gerne denke ich daran zurück, als ich einmal vor 800 Kindern sprach. Zunächst war mir etwas bange um die Disziplin, denn gegen 800 angesammelte Kinder ist noch kein Zuchtmittel gewachsen. Die kann man nur durch den zu behandelnden Gegenstand selbst zwingen, aber siehe da, sie saßen von Anfang bis zum Ende mäuschenstill."

So wurde der „Vogelprofessor" zum populärsten Ornithologen Deutschlands, über den Erwin Stresemann schrieb: „Es hat in unserem Jahrhundert keinen Vogelkundigen gegeben, der es so wie Thienemann verstanden hätte, die Herzen für seine Sache zu gewinnen ..."

Kein Wunder, dass die Kaiser-Wilhelm-Gesellschaft (KWG) die weltberühmte Vogelwarte 1923 mit Freuden übernahm. Damit bekam das Institut eine solide wirtschaftliche Grundlage, und auch sein späterer Weg in die Max-Planck-Gesellschaft war vorgezeichnet.

Bevor Thienemann 1929 in den Ruhestand ging, begann er noch durch Rückhalte- und Auflassversuche mit Störchen und anderen Arten die experimentelle Orientierungsforschung, die vor allem Werner Rüppell fortsetzte.

Die Vogelwarte war zum „Mekka der Ornithologen" avanciert und zog jährlich etwa 25 000 Besucher an. Nach Thienemann leitete sie zunächst Oskar Heinroth von Berlin aus, bis 1936 der wissenschaftliche Mitarbeiter Dr. Ernst Schüz Direktor vor Ort wurde. Er konnte noch zugphysiologische Studien (zusammen mit Paul Putzig) und populationsbiologische Untersuchungen einführen, bevor 1944 die Kriegsfront Rossitten erreichte und Schlimmes bevorstand: die Rettung wertvoller Bücher und Unterlagen, vor allem von über einer Million beringter Vögel, die angesichts des nahen Endes des einst als tausendjährig proklamierten Reiches dringend geboten, aber durch den vorgeschriebenen Glauben an den Endsieg streng verboten war.

Zudem musste mit Ende des Zweiten Weltkrieges das Institut zu neuen Ufern überführt werden. Dafür – und für die spätere Arbeit am Bodensee – waren die Visionen Thienemanns 1927 wie geschaffen: „Ist die Technik nicht gerade jetzt dabei, Raum und Zeit zu überwinden? Und sollte das in absehbarer Zeit der Forschung nicht zugutekommen? Alle die großartigen neuen Errungenschaften der Technik: Radio, Telefon, Auto, Luftschiff, eigens in den Dienst der Vogelzugforschung gestellt, und ferner den dunklen Fragen mit allen möglichen Versuchen und Experimenten zu Leibe gegangen! O, das würde bald ungeahnte Fortschritte bringen. Ich pflege oft zu sagen, dass die Lösung so mancher Rätsel im Vogelzuge eigentlich nur eine Geldfrage ist, wie bei so vielen anderen Dingen im Leben auch."

Wie wahr! Und alles sollte später so kommen – experimentelle Forschung mit allen Schikanen und reichem Geldsegen –, aber bis dahin war es ein weiter Weg!

Wieso nach Radolfzell?

Betrachtet man eine Karte des ehemaligen Großdeutschen Reiches, dann hat die Vogelwarte Rossitten bei ihrem Werdegang zur „Vogelwarte Radolfzell" ab 1946 von der Kurischen Nehrung bis zum Bodensee nahezu die größtmögliche Diagonale durch das Land bewältigt. Wie kam es zu einer derart weiträumigen Umsiedlung? Vor allem durch die Wunschvorstellungen zweier Persönlichkeiten. Ernst Schüz, der letzte Direktor von Rossitten, der die Kriegswirren überlebte, war äußerst daran interessiert, dass das geliebte Institut an einem neuen, günstigen Ort rasch wiederaufgebaut werden konnte.

Schüz war zudem Schwabe und stammte aus dem lieblichen Markgröningen bei Stuttgart. Wie er mir später als mein Doktorvater erzählte, hatte er sich bei den rauen „Krajebietern" (den Krähenfängern der Kurischen Nehrung, die in Netzen erbeutete Vögel durch Biss in den Hinterschädel töteten) nicht unbedingt wohlgefühlt. Und auch Thienemann war ihm, dem eher feinsinnigen Gelehrten, alles andere als wesensverwandt, indem der mehr als derbe Geselle Schüz völlig abwegigen Leidenschaften frönte wie der Jagd und Falknerei oder in dem von ihm begründeten „schießfreudigen" Kentucky-Club derbem „Ulk".

Und so war Schüz willkommen, dass das Angebot für eine neue Bleibe für die Vogelwarte zwar nicht aus seinem „Schwoabeländle", aber aus dem benachbarten Baden kam: von Schloss Möggingen bei Radolfzell am Bodensee, von dem dortigen Schlossherrn Baron Nikolaus von und zu Bodman. Und das aus gutem Grunde: Er – Spross der berühmten Familie, auf deren Namen auch der des Bodensees zurückgeht – war der Vogelwarte Rossitten schon lange verbunden und hatte sich schon früher ein solches Institut in Süddeutschland gewünscht.

Der Baron schreibt dazu selbst: „Im Elternhaus in Bodman lernte ich schon, Tiere zu beobachten und Pflanzen zu studieren ... Stets war mein besonderes Interesse die Vogelwelt." Vor allem über die Beobachtungen an Wasservögeln und den praktischen Vogelschutz, der im auflebenden Obstbau am Bodensee wichtig wurde, kam Baron von Bodman Anfang der 1920er Jahre mit dem Verein „Süddeutsche Vogelwarte e. V." in Stuttgart in Verbindung, damals von Dr. Kurt Flöricke geleitet. Ihm trat er alsbald bei und übernahm 1931 dessen Vorsitz. 1924 publizierte er einen ersten längeren Bericht über die Vogelwelt bei Bodman, und zusammen mit Flöricke galt sein besonderes Augenmerk dem Vogelparadies Halbinsel Mettnau, das ab 1926 als Naturschutzgebiet „Vogelfreistätte Mettnau" ausgewiesen wurde. Beiden schwebte vor, mit Hilfe einer 1926 gegründeten Kommission des oben genannten Vereins auf der Mettnau eine Beobachtungsstation – letztlich eine „Vogelwarte" – einzurichten, zum Studium der zahlreichen Brutvögel und des Vogelzugs.

An diesem Projekt war auch Frau Lina Hähnle beteiligt – die berühmte Gründerin und damalige Vorsitzende vom 1899 in Stuttgart ins Leben gerufenen „Deutschen Bund für Vogelschutz" (DBV, heute NABU: „Naturschutzbund Deutschland"). Eine bescheidene „Beobachtungsstation Mettnau der Süddeutschen Vogelwarte" konnte dann in der Tat 1928 im Scheffelschlösschen eingeweiht werden. Sie hielt sich aber nur bis 1938. Flöricke starb 1934, und mit Einführung des Reichsnaturschutzgesetzes 1936 war die Bezeichnung „Vogelwarte" ausschließlich den drei großen Instituten dieser Art in Rossitten, auf Helgoland und Hiddensee erlaubt. So beschloss der Verein „Süddeutsche Vogelwarte" 1938 seine Auflösung.

Für Baron von Bodman aber kein Beinbruch – er hatte vorgesorgt. Er schreibt: „Im Jahre 1935 kam meine Verheiratung ...", und: „Unsere anschließende Hochzeitsreise ging nach Ostpreußen ... Ich erlebte den Vogelzug und sah aus nächster Nähe mit Dr. Schüz Elche, sah auch dem Krähenfang mit Netzen zu und konnte Prof. Thienemann kennenlernen." Und nach der Hochzeitsreise zog das frisch verheiratete Paar am 27. Oktober in Schloss Möggingen bei Radolfzell ein, das später auch für fast 67 Jahre Heimat der Vogelwarte werden sollte. Aber auch bis dahin war es noch ein weiter Weg.

Baron von Bodman war also mit seiner frisch angetrauten Gattin, Monika Gräfin von Spee, zum Honigmond in die „Preußische Wüste" gereist, um neben den „herrlichen Masurischen Seen" das „Mekka der Ornithologen" kennenzulernen. Das hatte wohl Nachwirkungen. Denn – obwohl sie uns sehr gewogen war – hatte ich, wenn ich mich später mit ihr unterhielt, oft das Gefühl, sie dächte: Das ist auch so ein Mensch, der sicher – wäre es möglich gewesen – seine Angetraute selbst auf der Hochzeitsreise in eine „Preußische Wüste" geschleppt hätte, wenn nur genügend Vögel dort gewesen wären.

Für Baron von Bodman begann nach Einzug in Schloss Möggingen ornithologisch eine interessante Zeit mit gutem Ausgleich für das Ende der Süddeutschen Vogelwarte. Da die Vogelwarte Rossitten von Gesetzes wegen auch für die Beringung im süddeutschen Raum zuständig, aber für Zusammenarbeit schrecklich weit weg war, wurde in Schloss Möggingen eine Zweigstelle eingerichtet: die „Beringungszentrale für Baden und Württemberg".

Damit ist schon zu ahnen, wie es nach Ende des Zweiten Weltkriegs im Hinblick auf die Fortführung der Vogelwarte weiterging. Dazu nochmals Baron von Bodman: „Als wir die Besatzungszeit (durch die Franzosen) hier im Hause hinter uns hatten, meldete sich zu meiner großen Freude Dr. Schüz bei mir und gab ein Lebenszeichen von sich. Er frug bei mir an, ob eventuell in unserem Bodenseeraum ein Neuaufleben der Vogelwarte Rossitten möglich wäre. Ich bejahte dies und schlug vor, die Tätigkeit der Vogelwarte hier im Hause ... neu zu beginnen. Mein Vorschlag fand Anklang. Dr. Schüz kam hierher, um für die künftige Arbeit einer Vogelwarte alle Möglichkeiten zu besprechen."

Die Freundschaft und Zusammenarbeit von zwei großen Vogelfreunden hatte somit der Vogelwarte Wege für einen baldigen Neuanfang geebnet, von dem andere Institute der Kaiser-Wilhelm-Gesellschaft noch lange träumen mussten. Bevor dieser Neubeginn näher beleuchtet wird, noch eine köstliche Geschichte um die beschriebene zeitweilige Partnerschaft von Flöricke mit Baron von Bodman.

Auch Flöricke hatte einst – wie Thienemann – versucht, in Rossitten Fuß zu fassen, musste aber wegen schwerwiegender Probleme die Nehrung wieder verlassen. Dabei verlor er seine Verlobte, die Tochter eines ostpreußischen Unternehmers, an: Thienemann! Dem wurde sie 1901 „die richtige Lebens- und Berufsgefährtin". Flöricke, wohl zutiefst verletzt, bezeichnete daher später – ähnlich wie Hermann Löns – die von Thienemann eingeführten Beringungsversuche als „eitle wissenschaftliche Spielerei" und setzte zudem alles daran, im Verein „Süddeutsche Vogelwarte“ ein Gegenstück zu Rossitten zu schaffen. Dabei wurde ihm Baron von Bodman ein höchst willkommener „Kampfgefährte“, der aus ganz anderer Motivation heraus mitwirkte. Das Unternehmen war jedoch auch deshalb zum Scheitern verurteilt, weil Flöricke in seinen wissenschaftlichen Arbeiten durchaus Wahrheit mit Dichtung vermischte, wie sich z. B. bei Studien an Grasmücken Madeiras herausstellte. Er hat nie davon abgelassen, sich gegen die Vogelwartenarbeit zu stellen, was lange nachwirkte. Als um 1965 ein Verwandter Flörickes im Stuttgarter Raum das Zeitliche segnete, ließ sich mein überaus feinfühliger, christlicher und menschenfreundlicher Doktorvater Schüz zu meinem blanken Entsetzen zu den Worten hinreißen: „So, so, no isch der Kerle endlich au verreckt.“ Das lässt ahnen, wie tief das Zerwürfnis zwischen der Vogelwarte und Flörickes Wirken gewesen sein muss.

Neu am Bodensee: „Des mache mer“

Der Neubeginn des Instituts als „Vogelwarte Radolfzell (vormals Vogelwarte Rossitten)“ kam schnell in Gang. Schon vom 19. bis 22. März 1946 besuchte Dr. Schüz Baron von Bodman in Schloss Möggingen zur Lagebesprechung, und beide wurden sich rasch einig. Als „Keimzelle“ für das neue Institut stand im damals stark belegten Schloss zunächst ein Raum im zweiten Stock zur Verfügung mit Aussicht auf baldige Erweiterung. So nahm Schüz Verbindung auf mit der Kaiser-Wilhelm-Gesellschaft in Göttingen, und der Baron fuhr nach Freiburg, um das Vorhaben Vogelwarte mit dem zuständigen Ministerium zu besprechen. Er konnte mit dem damaligen ihm gut bekannten badischen Staatspräsidenten und Kultusminister Leo Wohleb persönlich verhandeln, und der beschied ihn zum Schluss mit den „goldenen“ Worten: „Des mache mer!“ Schüz bekam Kontakt mit dem Generalsekretär der KWG, Dr. Ernst Telschow, der bereits am 25. Mai Schloss Möggingen inspizierte und seinen Segen zum Neubeginn der „Vogelwarte Radolfzell" erteilte. Der Name Radolfzell wurde gewählt im Hinblick auf spätere Chancen auf Ringfundmeldungen. Eine Vogelwarte „Möggingen" hätte zumindest damals in entfernten Regionen wie Afrika kaum jemand für Ringfundberichte lokalisieren können.

Dann ging alles weitere mit der Vogelwarte zunächst fast Schlag auf Schlag. Ab 10. bis 15. Oktober führte Schüz einen „örtlichen Leiter" für das Institut ein: Dr. Rudolf Kuhk, nach Schüz' Worten „einen erfahrenen Ornithologen", den er für dieses Amt gewann. Ein Leiter vor Ort war nötig, da Schüz hauptamtlich andere Aufgaben in Stuttgart übernahm: „Ich selbst bin in dieser Übergangszeit in den württembergischen Staatdienst übernommen worden und hatte mich dem Wiederaufbau des zerstörten Staatlichen Museums für Naturkunde zu widmen." Als Museumsdirektor konnte er es einrichten, „nach Lage der Dinge ... alle drei Wochen ein paar Tage" an der Vogelwarte tätig zu sein, um die „wichtigsten Entscheidungen" mitzutreffen. Im Klartext heißt das: Schüz versuchte, als Stuttgarter Museumsdirektor auch die Vogelwarte Radolfzell mit zu dirigieren, was im Laufe der Jahre zunehmend Schwierigkeiten bereitete.

Die Amtseinführung von Kuhk im Oktober 1946 war auch der offizielle Start des alten Instituts am neuen Platz. Dazu steht im Gästebuch von Schloss Möggingen: „Jetzt ist es so weit, wir dürfen nun im gastlichen Haus Baron von Bodmans mit der Vogelwarte Radolfzell anfangen und Rossitten hat wieder eine Heimstatt. Mit herzlichem Dank, Schüz und Kuhk." Bald kam auch noch etwas Personal hinzu, um den zunächst bescheidenen Betrieb anzukurbeln. Hans Sonnabend, einstiger Beringungsmitarbeiter von Rossitten und Heimatvertriebener aus Schlesien, leitete vor allem den technischen Bereich der Beringungszentrale – bis 1967. Die Büroarbeit versah Franz Nägele aus dem Nachbardorf Güttingen, bis ab den 1950er Jahren Schreibkräfte und Techniker hinzukamen, und mit Werner Rath auch ein erster Hausmeister und Chauffeur. Schon 1946 tauchte auch ein erster Vogelbeobachter auf – Gerhardt Zink. Er wurde als Verwandter von Schüz nach seiner Promotion nicht nur in die Vogelwarte „eingefädelt", sondern auch wissenschaftlicher Leiter der Beringungszentrale – für diese wichtige Position eine wenig geglückte Besetzung, wie man noch sehen wird.

Somit war erstaunlicherweise beim Neuanfang in Radolfzell niemand vom Stammpersonal aus Rossitten mit dabei, aber immerhin fast: Im dritten Stock des Schlosses zog 1947 die heimatvertriebene Familie Posingis ein, die nicht nur aus Ostpreußen stammte, vielmehr war Michel Posingis Beringungsmitarbeiter in Rossitten gewesen und zudem Leuchtfeuerwärter auf der Windenburger Ecke der Kurischen Nehrung. Als begnadeter Schreiner stattete er die Vogelwarte aus einfachstem Material mit Mobiliar aus. Schlichte Schränke aus dunkel gebeizten Fichtenbrettern mit Fensterglasfüllungen – später vor dem Sperrmüll gerettet – zieren noch heute unsere Wohnung.

Damit war die Vogelwarte etabliert und wurde auch schnell wieder wichtiges Zentrum ornithologischer Aktivitäten in Deutschland. Im Mai und September 1947 fanden zwei erste Ornithologen-Tagungen der Nachkriegszeit statt, am 16. Oktober 1947 stattete der damalige Präsident der KWG, Professor Otto Hahn, der Vogelwarte einen Besuch ab, und 1949 wurde die Geburtsstunde der „Deutschen Ornithologen-Gesellschaft" gefeiert. Und bereits ab 1947 konnte die Vogelwarte eigene Ringe mit der Gravur „Radolfzell Germania" verwenden.

Nun aber zur spannenden Frage: Wie sah es denn 1946 mit einem Institutsetat aus, woher kam überhaupt Geld? Schüz hatte ja, wie oben beschrieben, schon im Frühjahr 1946 Telschow von der

KWG aufgesucht, und der schrieb im Oktober: „Lieber Herr Dr. Schüz! Im Allgemeinen habe ich mir das Wundern abgewöhnt; über Ihren Brief habe ich mich aber doch gewundert! ... ich habe nicht das Geringste dagegen einzuwenden, wenn Sie sich eine Vogelwarte in Möggingen aufbauen, die im Jahr RM 100 000 kostet. Ich glaube allerdings nicht, dass Sie diesen Betrag bekommen ... Ich habe Ihnen einen kleinen Betrag von RM 3000 zugesagt ... bis zum Anlaufen Ihres Etats, der von der zuständigen Landesregierung gestellt werden muß ... Es ist aber – entschuldigen Sie den harten Ausdruck – kompletter Unsinn, wenn Sie die Vermutung aussprechen, als ob die KWG sich von Radolfzell distanzieren wolle." Im November 1946 gab es im Hinblick auf die weitere Finanzierung einen Hoffnungsschimmer: Die Einrichtung der Vogelwarte Radolfzell war nun auch von der Französischen Militärregierung genehmigt, und von dort wurde auch „das Notwendige für die Finanzierung durch die deutschen Regierungsstellen eingeleitet". Wie armselig es zu Anfang zuging, hat ein Zeitzeuge festgehalten. Davon und über das neue Vogelparadies am Bodensee mehr im nächsten Kapitel.

Viel Not – aber noch viele Vögel

Im Oktober 1946 kam unter vielen anderen – z. B. Quäkern – auch ein hilfsbereiter Amerikaner namens Dr. Carl Welty nach Europa. Als Angehöriger der First Congregational Church wollte er im Nachkriegsdeutschland beim Wiederaufbau mithelfen. Er war auch Professor für Biologie am College in Beloit und Ornithologe. Zufall oder nicht – er gelangte im Juni 1947 mit einer Wagenladung Pflanzenöl, Pferdefleisch u. a. in die Pestalozzi-Schule in Wahlwies bei Radolfzell. Er wusste damals schon, dass die ihm wohlbekannte „berühmte

Vogelberingungs- und Versuchsstation von Rossitten“ in die Nähe von Radolfzell umgesiedelt war. So schulterte er in Wahlwies seinen Rucksack und fragte sich nach dem zwölf Kilometer entfernten Schloss Möggingen durch, um die Vogelwarte zu besuchen. Und von diesem Besuch ist in seinem Erlebnisberichtsbuch „Das Hungerjahr“ aufschlussreich und amüsant über das Institut zu lesen.

Zu diesem Buch kam es so: Eigentlich wollte auch Weltys Frau in Deutschland mithelfen, aber sie wurde nicht zum Hilfsdienst angenommen. So reiste Welty allein nach Europa und schilderte von dort seiner Frau in Briefen ausführlich seine Erlebnisse, und sie hat diese Briefe 1993 nach seinem Tod in besagtem Buch veröffentlicht. Welty begegnet in der Vogelwarte zunächst Dr. Kuhk – „ein kleiner bebrillter und offensichtlich unterernährter Wissenschaftler“ –, später auch Schüz und dem „interessierten Liebhaber-Vogelkundler“ Baron von Bodman. Und Hans Sonnabend „zeigte mir, wie man Vögel beringt … Da keine Fallen (also Netze usw.) vorhanden sind, können nur Nestjunge beringt werden.“

Über die allgemeinen Zustände schreibt Welty: „Sie sind allesamt entsetzlich arm, auch der Baron und seine Familie … Die Kinder hatten allesamt spindeldünne Ärmchen … Mir war der Zustand ihrer Schuhe, Bekleidung, Schreibmaschine, Büroausrüstung, Füße und Strümpfe nicht verborgen geblieben … Als Folgen des großen Mangels an Glühbirnen (drei Stück hatte die Vogelwarte zugeteilt bekommen) war mein Zimmer unbeleuchtet … Eines ihrer Probleme ist das Fehlen von druckfähigem Papier … Aber die Franzosen lassen für ihre Kinder weiterhin die bunten Sonntagscomics drucken … absolut sinnlosen Mist.“

Aber Welty hat nicht nur die französische Besatzung gerügt, sondern ließ auch von Sonnabend eine Wunschliste erstellen und kümmerte sich später um die Zusendung von Glühbirnen, Schuhen u. a. Seinem Besuch verdanken wir auch ein Foto sowie eine treffliche

Beschreibung der einzigartigen Kultur-Mosaik-Landschaft um Möggingen und dem angrenzenden Mindelsee: „Dieser Ort ist ein vollkommenes Beispiel für die mosaikhafte Durchmischung von Lebensräumen: Während des einstündigen Fußweges durchquerten wir wahrscheinlich zehn verschiedene ökologische Standorttypen, Kiefern- und Fichtenforst, Laubwald, Bergkuppen, Obstgärten. Und überall, wo man Ausschau hielt, war der Blick einzigartig schön."

In diesem herrlichen Gebiet sah der Vogelfreund Welty „eine Menge Vögel, die ich niemals zuvor zu Gesicht bekommen hatte" – einschließlich eines Wiedehopfs. Beim Vogelkundigen schrillen da natürlich die Alarmglocken: Besuch im Juni, und dann ein Wiedehopf – Brutverdacht! Und in der Tat: Damals brüteten Wiedehopfe in der Region – und nicht nur die.

Und damit kommen wir zu einer ungemein spannenden Frage: War Möggingen für die Vogelwarte nach der Umsiedlung im Hinblick auf die Vogelwelt ein schlechter Tausch und Rossitten mit seinen Millionen von Zugvögeln ein unersetzlicher Verlust? Diese Frage wurde oft gestellt, und es gibt eine klare Antwort. Für den Beginn der Vogelzugstudien war Rossitten ideal. Auf der schmalen Landzunge der Nehrung wird Vogelzug wie in einem Flaschenhals verdichtet und lässt Beobachter aus diesem Konzentrat „aus dem Vollen schöpfen". Aber bis auf wenige weitere Nehrungen in anderen Regionen verläuft Vogelzug nahezu überall ganz anders – weniger verdichtet und über attraktivere Rastgebiete als Dünen und trockenen Kiefernwald wie auf der Kurischen Nehrung. Nach vielen Pionierstudien in Rossitten wurde zunehmend erforderlich, den mehr normalen Zugablauf im Binnenland zu untersuchen, und dafür ist der Bodenseeraum mit seinen mosaikartigen Naturlandschaften hervorragend geeignet. Außerdem präsentierte dieses Gebiet und vor allem auch Möggingen mit dem Mindelsee dem Institut am neuen Ort eine einzigartige Brutvogelfauna.

Nachdem die französische Militärregierung den Vogelwarte-Mitarbeitern die Benutzung von Ferngläsern genehmigt hatte, konnte 1946 das Studium der lokalen Avifauna beginnen, das vor allem Hans Sonnabend tagtäglich in einem Tagebuch – heute von unschätzbarem Wert – dokumentierte. Wenn man in den drei Ordnern die mit bis zu rund 70 Zeilen eng beschriebenen Seiten durchblättert, kommt man aus dem Staunen nicht heraus. In Möggingen gab es damals 110 Brutvogelarten! Am Mindelsee nisteten Zwergdommel, Kolbenente und Drosselrohrsänger, an den Teichen im Schlossbereich Teichhuhn und Wasserralle, in den Riedwiesen Bekassine und Kiebitz, in der Kiesgrube die Uferschwalbe, in Feldhecken, Streuobstwiesen und Alleen Raub- und Rotkopfwürger, Steinkauz und Wendehals, in Feldfluren Rebhuhn, Grauammer, Feld- und Heidelerche, an Waldrändern Baumpieper und Berglaubsänger, im Schlosspark der Gelbspötter und in der Schlossmauer der Wiedehopf – von ihm gab es noch 1956 im Raum Radolfzell über zehn Brutpaare.

Verblüffend war auch die Individuendichte. So brüteten in den Schlosstürmen bis zu 30 Paare Mauersegler und im Bereich Möggingen-Mindelsee maximal 62 Paare Neuntöter (1950), und die Größenordnung von Brutpaaren betrug bei anderen Arten: Mönchsgrasmücke über 60, Dorngrasmücke 50, Braunkehlchen und Sumpfrohrsänger 30, Gartengrasmücke, Gartenrotschwanz und Waldlaubsänger 20, Klappergrasmücke zehn und beim Raubwürger und Pirol bis zu fünf. Damit war der neue Standort der Vogelwarte ein einzigartiges Vogelparadies und geradezu prädestiniert für alle möglichen Forschungen. Dazu kamen die nahe gelegenen großen Naturschutzgebiete Mettnau-Halbinsel bei Radolfzell, Wollmatinger Ried bei Konstanz u. a., die sich als „Freiland-Labors“ anboten. Und auch der Bodensee selbst mit seinen riesigen Mengen an brütenden, durchziehenden und überwinternden Wasservögeln, Sumpf- und Schilfbewohnern bot bislang nicht gekannte Möglichkeiten.

So war die Vogelwarte von Rossitten von einem Eldorado des außergewöhnlichen Massenzuges in ein Vogelparadies der mehr normalen Vielfalt gelangt, das von reichhaltigem Brüten über Durchzug und Rast bis zum Überwintern reichte. Wir werden später sehen, wie das Institut diese einzigartigen Ressourcen in seine Arbeit einbezogen hat. Leider werden wir auch erfahren, wie schrecklich wenig vor allem von dem Reichtum an Brutvögeln übrig geblieben ist.

Im Dreisprung nach Radolfzell

Benjamin-Beringer

Nagold, idyllische Kleinstadt am Rande des Schwarzwalds, wurde für mich zur ersten richtig empfundenen Heimat, außerdem zum Ort aller wichtigen Weichenstellungen für mein späteres Leben, insbesondere für meine Laufbahn als Ornithologe, Biologe, Akademiker sowie Naturschützer. Und das kam so: 1939 in Zittau in Sachsen geboren, mussten meine Eltern bald nach meiner Geburt ins Sudetenland umsiedeln, da mein Vater dienstlich dorthin versetzt wurde. Als die Tschechen meine Mutter und mich im Mai 1945 aus dem Gebiet vertrieben – mein Vater schlug sich zu jener Zeit im Krieg in Jugoslawien durch –, war ich mit sechs Jahren noch zu jung, als dass mir die herrliche Gegend im Altvatergebirge schon hätte Heimat sein können. Als wir nach zweiwöchiger Flucht im Juni 1945 wieder meine Geburtsstadt Zittau erreichten, blieben mir bis Januar 1953 acht Jahre, bis wir wieder flüchten mussten.

Mein Vater hatte inzwischen in Württemberg Fuß gefasst, und als meine Mutter mit mir zu ihm dorthin ausreisen wollte, erhielt zwar sie eine Genehmigung, ich aber sollte in ein staatliches Internat in Ostdeutschland eingewiesen werden und später beim Aufbau der DDR mithelfen. Also floh meine Mutter abermals mit mir – diesmal zu meinem Vater nach Onstmettingen auf der Schwäbischen Alb, einem Dorf von herber Schönheit in einer herrlichen Landschaft.

In Zittau hatte ich zwar entscheidende Prägungen für meine Vogelliebe erfahren, aber in der damaligen turbulenten Nachkriegszeit kaum Heimatgefühle entwickelt. Das gilt auch für Onstmettingen, wo ich gerade mal ein Jahr verbrachte, um mit der achten Klasse die Volksschule abzuschließen. Danach bot sich für mich als „Ostler" die Chance, in dem ganz anderen Schulsystem Westdeutschlands in einem sogenannten „Aufbaugymnasium mit Heim" in fünf Jahren zeitgleich mit westdeutschen Oberschülern die Reifeprüfung abzulegen – in Nagold. Das war dann 1959 möglich, und zwar nach bestandener Aufnahmeprüfung 1954 und anschließend fünfjähriger Internatszeit.

In diesen fünf wichtigen Jahren mit der sensiblen Phase des Erwachsenwerdens wurde mir Nagold mit seinen wunderbaren Naturlandschaften von tiefdunklem »Schwarzwald« über Flussauen, Hügel, Streuobstwiesen bis zu den Feldfluren der Gäulandschaft, mit der hervorragenden Internatsschule, hochinteressanten Leuten und Vorbildern in der Stadt zu einer echten ersten Heimat, die mich bis heute anheimelt. In Nagold sowie auf drei ornithologischen Reisen in weite Teile Europas bekam ich so tiefe Einblicke in die Biologie, dass mir klar wurde: Ich werde weder Walfänger, Schreiner, Industriekaufmann, Psychotherapeut oder Volksschullehrer, wie der Reihe nach geplant, sondern muss Biologie studieren und versuchen, mich in einer Laufbahn als Wissenschaftler der Ornithologie zu widmen. Ein späterer „Schnupperkurs“ in der Universität Tübingen brachte darüber vollends Klarheit.

Aber zunächst galt es, kleinere Nüsse zu knacken – zuallererst: Wie konnte ich „elegant“ Verbindung zur Vogelwarte Radolfzell und zur Beringung bekommen? Der damalige Federsee-Ornithologe, Dr. Gerhard Haas, Vater meines Nagolder Klassenkameraden Wilfried, riet mir, zunächst Mitglied der Deutschen Ornithologen-Gesellschaft zu werden und deren nächste Jahresversammlung zu besuchen. Dort würde ich alle führenden deutschen Vogelkundler treffen und könnte sie gut ansprechen.

Also trat ich 1955 der DO-G bei und peilte deren Versammlung im Juli in Frankfurt an. Eine Genehmigung, mit dem Fahrrad dorthin zu fahren, hätte ich damals von der Schulleitung nie und nimmer bekommen, also musste ein Trick helfen. Um rechtzeitig nach Frankfurt zu gelangen, musste ich am 29. Juli starten, aber Schulferien gab's erst am Tag darauf. Am 29. Juli fanden jedoch die üblichen Bundesjugendspiele statt – Teilnahme absolutes Muss –, aber dort bot sich eine gute Gelegenheit: Ich ließ mich beim Hochsprung in furchterregender Pose in die Sandgrube fallen, von einem gellenden Aufschrei begleitet, mimte einen Beinah-Armbruch und gelangte so, wie erhofft, auf die Krankenstation der Schule. Von dort war es ein kurzer Weg zum fertig gepackten Fahrrad im Radschuppen – und ab ging's bis kurz vor Heidelberg.

Nach Übernachtung in einem Heureiter zum Kleetrocknen radelte ich am nächsten Morgen weiter in die Frankfurter Jugendherberge. Und dann konnte ich vom nächsten Tag an meine erste DO-G-Tagung besuchen – und sah erstmals eine Reihe der „Götter aus dem Ornithologen-Olymp“: Erwin Stresemann – den Allmächtigen, Gustav Kramer – Genius der Orientierungsforschung, Heinz Sielmann – Pionier des Tierfilms, Ernst Schüz – letzter Direktor der Vogelwarte Rossitten, Rudolf Kuhk – Leiter der Vogelwarte Radolfzell.

Der Rest war einfach: Sie waren sehr freundlich, fanden offenbar Gefallen an einem 16-jährigen überaus interessierten „Nachwuchs-Ornithologen", und Kuhk stellte mir in Aussicht, ich könne wohl nach entsprechender Vorstellung in Schloss Möggingen mit einer Erlaubnis zur „Vogelberingung für wissenschaftliche Zwecke" zum Jahresende rechnen. Und so geschah es – mit Datum vom 20.12.1955 schrieb mir Kuhk: „Lieber Peter Berthold! Auf den Weihnachtstisch bekommen Sie nun den Beringungserlaubnisschein! Sie werden sich ja der Verantwortung bewußt sein, die Sie mit der Beringertätigkeit in schon so jungen Jahren übernehmen ... Die Ringe ... gehen Ihnen demnächst zu ... Nun begrüße ich Sie als unseren Beringungsmitarbeiter ..."

Damit war das erste Etappenziel in Richtung Ornithologie und Vogelwarte geschafft: Ich war ehrenamtlicher Mitarbeiter und „Vogelberinger" der Vogelwarte Radolfzell – und mit meinen gerade mal 16 Jahren natürlich der „Benjamin" unter meinen reichlich 400 Gleichgesinnten. Als die bestellten Ringe dann genau am 24. Dezember eintrafen, beging ich vor lauter Freude sogleich eine Leichtsinnstat: Ich beringte schon am 27. Dezember meinen ersten Vogel, einen Kleiber, am Friedhof in Albstadt-Tailfingen, obwohl meine Erlaubnis erst ab 1. Januar 1956 gültig war. Danach beschlich mich große Sorge: Was, wenn der Vogel noch bis Jahresende als „tot gefunden" rückgemeldet würde? Dann wäre meine „illegale" Beringung 1955 aufgeflogen – kein guter Start. Also schnappte ich mir Anfang Januar mein Fernglas und suchte damit den Friedhof so lange nach Kleibern ab, bis ich einen beringten beobachtete!

So schön es war, nun die Beringungserlaubnis in Händen und damit verlockend „freie Fahrt" zum Vogelfang zu haben, so sehr galt es zu bedenken: Mein Hauptaugenmerk sollte natürlich der Schule gelten, die uns viel abverlangte, damit das in drei Jahren anstehende Abitur nicht zur Utopie wurde. Um beidem gerecht zu werden – der tief wurzelnden Scientia amabilis und den hohen Anforderungen der Schule – musste manche Strategie entwickelt werden – darüber mehr im folgenden Kapitel.

Beringen oder Vokabeln lernen?

Mein Beringungsjahr 1956 verlief sehr erfolgreich: Zu Jahresende konnte ich der Vogelwarte auf dem Jahres-Übersichtsblatt 636 vor allem nestjung beringte Vögel 32 verschiedener Arten melden, darunter 48 Gartenrotschwänze, 28 Wendehälse und 14 Hänflinge, was heutzutage bei den Bestandsrückgängen dieser Arten nahezu unvorstellbar ist. Dafür gab es Lob von der Vogelwarte – „ein recht beachtliches Zeugnis für Ihren Beringerfleiß!" –, was mir natürlich ordentlicher Ansporn war.

Während ich 1957 mit 695 Beringungen 43 verschiedener Arten und mit 13 Braunkehlchen als Schmankerl ein ähnliches Ergebnis erzielte, ließ sich 1958 ein gewaltiger Sprung nach oben erzielen: 2438 Beringungen 57 verschiedener Arten, darunter 409 nestjunge Mehlschwalben, 159 Heckenbraunellen, 121 Gimpel, 84 Gartenrotschwänze, 73 Goldammern, 54 Dorn- und 30 Klappergrasmücken, 47 Neuntöter, 25 Hänflinge, elf Wendehälse, zehn Eisvögel sowie Raritäten wie Ringdrossel, Blaukehlchen und Berglaubsänger. Diese Steigerung war möglich geworden durch zwei glückliche Umstände: Im April konnte ich das erste „Japannetz" erwerben – ein hauchdünnes Nylonnetz, mit dem sich fast alle Vogelarten wie Grasmücken, Laubsänger usw. gut fangen ließen, die zuvor den gut sichtbaren, aus Baumwolle gefertigten Spiegelnetzen meist ausgewichen waren. Diese Japannetze – sogenannt, weil damals nur in Japan hergestellt – eröffneten geradezu eine neue Dimension im Vogelfang.

Und dann hatte ich inzwischen meinen Vater, von Beruf Polizist, mit der Freude an der Beringung „infiziert“. Da er Vögel gut kannte und durch seinen Schichtdienst immer wieder Zeit hatte, Vögel zu fangen, fragte ich 1958 bei der Vogelwarte an, ob er eine Beringungserlaubnis als mein „Helfer“ bekommen könnte. Das klappte, und so wurden wir ein Team, wobei mein Vater mehr und mehr selbstständig in einem wunderbaren Feuchtgebiet bei Onstmettingen auf der Schwäbischen Alb arbeitete, in der Nähe von seinem Bienenstand. Im dortigen „Hessental“ führten wir dann 15 Jahre lang systematische Beringungen durch, deren Ergebnisse zu einer Reihe von Veröffentlichungen führten. Und in meinem Vater hatte ich einen Mitarbeiter gefunden, der später im Ruhestand noch jahrelang meine Forschungen an der Vogelwarte unterstützte.

Entsprechend gut wie 1958 waren auch die Beringungsergebnisse im Abitursjahr 1959: 2001 beringte Vögel 49 verschiedener Arten mit neuen Highlights wie Tüpfelsumpfhuhn und Drosselrohrsänger. Diese Ergebnisse, für die man heute in unserer ausgedünnten Vogelwelt eine ganze Arbeitsgruppe benötigen würde und die auch damals großen Einsatz verlangten, blieb natürlich im Hinblick auf meine Leistungen in der Schule nicht ohne Folgen. Vor allem auch deshalb, weil ich außer der Beringung mit meinem Gesinnungsgenossen Wilfried zudem regelmäßig am Samstagnachmittag systematische Vogelbeobachtungen durchführte, an etlichen Sonntagen frühmorgens Vogelexkursionen für interessierte Naturfreunde aus dem Raum Nagold – Calw – Freudenstadt veranstaltete, immer wieder meinen Nagolder Mentor, den Stadttierarzt Dr. Egon Köcher auf Exkursionen zu seltenen Pflanzen, Amphibienlaichplätzen u. a. begleitete und schließlich auch noch bei meiner mütterlichen Freundin Gertrud Raaf in der herrlichen Gärtnerei am Stadtbahnhof botanisierte und in der Landwirtschaft mithalf.

So kam es, wie es kommen musste: Hatte ich in der ersten Klasse Französisch mit einer guten Zwei begonnen, so dass mein euphorischer Lehrer mich im Geiste schon Französisch studieren sah, fiel die Note allmählich in Richtung Vier, und als in der zweiten Klasse Englisch dazukam, blieb meinem Lehrer nichts anderes übrig, als zu formulieren: „Don't ring so many birds – learn English!" Da bedurfte es ausgeklügelter Strategien, um alles unter einen Hut zu bringen und das Abitur nicht zu gefährden.

Von meiner Freizeit Wesentliches abzuknapsen und in weitere Arbeitszeit für die Schule umzuwandeln, wie das viele Schulkameraden taten, war für mich nahezu unmöglich. Unsere Freizeit bestand nämlich wochentags aus einer Stunde Mittagspause mit Ausgang, und nach dem Abendessen konnten wir das Internat nochmals für ein bis zwei Stunden verlassen – der Rest war Unterricht und vorgeschriebene Arbeitszeit. Samstagnachmittag und Sonntag waren meistens frei, während der Mittwochnachmittag mit Schulsport und Gartenarbeit ausgefüllt war. Die Freizeit brauchte ich eigentlich ganz für meine naturkundlichen Arbeiten. Andererseits waren die Warnschüsse in Form von schlechten Noten – zuweilen auch in Mathe und Physik – unübersehbar und erforderten Einsatz.

Ich fand zwei gute Wege, um eine befriedigende Balance zwischen dem Nahziel „Abitur bestehen" und dem Fernziel „hervorragender Vogelwarte-Mitarbeiter" zu finden. Zum einen nutzte ich einen Teil der Schulferien für einige „Rosskuren". So las ich z. B. das gesamte neue Französischbuch „La Voix de la France" durch, das in unserer Schule im Auftrag des Oberschulamtes getestet und eigentlich für zu schwer erachtet wurde, schrieb sämtliche mir unbekannten Wörter in Vokabelhefte (damit die ersten, die ich anlegte) und lernte sie allesamt auswendig. Leicht zu erraten: Die nachfolgenden Übersetzungen der nächsten Jahre waren für mich ein „Spaziergang", und neuerliche Spitzennoten wurden nur durch mein Defizit an Grammatik gedämpft. Ähnlich verfuhr ich auch in anderen Fächern – mit gutem Erfolg bis zum Abitur. Diese „Rosskurmethode" sollte mir später auch zum schnellsten Studium an der Universität Tübingen in der Nachkriegszeit verhelfen.

Zum anderen fand ich einen zweiten „Jakobsweg", der zum Heil führte. Wir wurden im Internat wie in einer Kaserne morgens schon um sechs Uhr durch schrilles Läuten sowie von Zensoren und Aufsichtslehrern „sanft" geweckt. Da wir aber abends in der ersten Klasse um 21 Uhr und danach bis zum Abitursjahr um 22 Uhr im Bett liegen mussten, hatte ich eigentlich der Bettruhe zu viel und war häufig schon um vier Uhr wach – und dachte dann bereits etwa an meine demnächst zu beringenden Meisen, Spechte, Drosseln ... Und da kam mir eine Idee: Aussteigen, über den Hinterhof aufs Fahrrad und ab zum Beringungsfrühdienst. Während dem abendlichen Aussteigen, etwa zum Biertrinken oder für Cherchez-la-femme-Aktivitäten, durch das Auflauern von Aufsichtspersonen oft ein jähes Ende bereitet wurde, kümmerte sich um meine Frühexkursionen kein Schw... Mit dieser „Morgenstund hat Gold im Mund"-Masche konnte ich dann tagsüber entspannt auch in der wenigen Freizeit manchen Arbeitsschub für die Schule einlegen.

In dieser Zeit habe ich mich fürs Frühaufstehen richtig begeistert – man war damit meistens rechtzeitig mit seinem Tagewerk fertig, anderen um vieles voraus, hatte oft ein gutes Gewissen und Glücksgefühle – und das hat mich mein Leben lang daran festhalten lassen. Hatte ich in Nagold für meine Fangemeinde um sechs Uhr eine Vogelführung angesetzt, habe ich oft mit ein paar Schulkameraden schon um vier Uhr Vogelfangnetze gestellt, so dass die Naturfreunde bereits zu Beginn der Führung interessante Fänge bei der Beringung bestaunen konnten. Und auf die Gold werte Nagolder Morgenerfahrung geht auch zurück, dass ich jahrzehntelang – auch zusammen mit meiner Frau Gabi – um halb sechs Uhr morgens am

Arbeitsplatz im Institut erschien, so dass sich jedes noch so verrückte Arbeitspensum in der Regel bis abends gut bewältigen ließ.

Wie sehr ich schon in meiner Nagolder Schulzeit auf die Vogelwarte fixiert war, zeigt folgende Episode. Als wir einst etwas Zoff mit unserem Seelsorger hatten, drohten einige Kameraden und ich dem Rektor an, aus der Kirche auszutreten. Auf die bange Frage, ob mir die Kirche denn nicht sehr fehlen würde, antwortete ich in fester Überzeugung: „Auf keinen Fall – ich habe ja die Vogelwarte!"

Drei große Reisen

Als ich 1953 als 14-Jähriger meine Geburtsstadt Zittau verlassen musste, bat ich meine Mutter auf der Flucht in Berlin, mir eine Liste der bis dahin beobachteten Vogelarten zu tippen: Es waren 68. Dazu kamen sieben weitere Arten 1953/1954 in Onstmettingen auf der Schwäbischen Alb, darunter Ortolan, Rotmilan und Waldschnepfe, so dass ich 1954 in Nagold mit einer „Life list" von 75 beobachteten Arten antrat. Dort und bei Exkursionen in den Schwarzwald und an den Federsee kamen 1954 14 und 1955 57 neue Arten hinzu und summierten sich auf 146.

Wie oben beschrieben, hatte ich in meinem Klassenkameraden Wilfried Haas einen Gesinnungsgenossen gefunden, über dessen Vater wir viel über die Vogelwelt Deutschlands sowie der Nachbarländer hörten. Dabei tauchte bald auch der Begriff „Camargue" auf – das Vogelparadies im Süden Frankreichs. Und es übte rasch auf uns eine Faszination aus wie seinerzeit wohl Rossitten auf Thienemann. Also planten wir – natürlich per Fahrrad – das Einzige, was damals für uns finanzierbar war.

Vorweg ist zu sagen, dass Wilfried und ich damals kleine Fahrrad-„Profis" waren. Als ich 1955 zur DO-G-Tagung nach Frankfurt geradelt war, machte ich anschließend noch einen „Abstecher“ in die Eifel, um dort meine ehemalige „Sandkastenfreundin“ Ingrid Teichner aus dem Sudetenland zu besuchen, und von dort fuhr ich dann am 11. August in „einem Saus“ zurück nach Onstmettingen – über 300 Kilometer. Nachdem sich am nächsten Tag ein der Anstrengung zuzuschreibendes Muskelzittern gelegt hatte, war ich nachmittags schon wieder zum Vögelbeobachten auf den Beinen. Natürlich haben wir seinerzeit auch alle Exkursionen in den Schwarzwald, an den Federsee, nach Stuttgart in die Wilhelma usw. per Fahrrad unternommen, und ich bin auch während der fünfjährigen Internatszeit immer mit meinem „Vaterland“-Fahrrad nach Hause auf die Alb gefahren, oft mit einem Koffer voll schmutziger Wäsche auf dem Gepäckträger. Öffentliche Verkehrsmittel waren uns damals so fremd, dass ich bei der ersten Benutzung eines Zuges nach dem Abitur Nagold prompt in der falschen Richtung verließ … Somit fühlten wir uns damals absolut fit auch für eine „etwas längere“ Fahrradtour nach Südfrankreich.

Und so starteten wir am 25. Juli 1956, radelten eine Woche lang durchs Rhonetal – im Rücken höchst förderlichen Mistral – und erreichten am 31. Juli die Camargue, wo uns Dr. Kuhk bei Dr. Luc Hoffmann in der Biologischen Station Tour du Valat angemeldet hatte. Und dort konnten wir bis zum 5. August in dem unbeschreiblichen Paradies schwarze Stiere, weiße Pferde, rosa Flamingos, Rostgänse, Blauracken u. v. m. beobachten – es war einfach irre! Von dort fuhren wir am 6. August hinüber in die Steinwüste La Crau, schlossen vom 7. bis 9. August Beobachtungen in den Alpillen bei Les Baux an, und von dort ging's bis zum 15. August wieder nach Hause.

Es ist völlig ausgeschlossen, hier Einzelheiten dieser unglaublich wundervollen und wundersamen Reise zu schildern, auf der wir ganze zwei Deutsche trafen – erste Touristen im unteren Rhonetal –, und die jeden von uns gerade mal 23 DM gekostet hatte, weil wir uns im Wesentlichen „aus der Natur“ und von mitgenommenen Reserven wie Landjägern, Grieß, Puddingpulver usw. ernährt und auch immer im Freien oder in einem kleinen Zelt geschlafen haben. Allerdings waren wir auch so ausgezehrt, dass wir nach Rückkehr zunächst pro Mahlzeit ein ganzes Brot auf einmal verputzen konnten. Ergebnis dieser Reise: Unsere Life list schoss 1956 um 64 neue Arten auf insgesamt 210 nach oben! Da war uns bald klar: 1957 und 1958 mussten weitere Reisen folgen, denn im Abitursjahr 1959 sollte dann ja schon das Studium beginnen!

Für 1957 suchten wir ein Ziel im Norden aus: die norwegische Vogelwarte Revtangen auf Jaeren an der Atlantikküste bei Stavanger. Dafür schied das Fahrrad aus – die Strecke dorthin war zu weit. Also planten wir eine Fahrt per Anhalter – und das klappte. Wir brachen am 21. Juli auf, und als wir am 17. August, dem Geburtstag meiner sehr erleichterten Mutter, wieder heil zurück waren, hatten wir genau 99 verschiedene Autos benutzt. Die Ausbeute 1957 betrug 28 neue Arten, die Gesamtsumme inzwischen 238.

Auch diese Reise – mit „Zigeunern“ unterwegs in Dänemark, verhaftet im Militärcamp in Norwegen oder im geschlossenen Transporter mit durcheinanderfallenden Kuchenblechen eines zu schnell fahrenden Bäckers in Schweden wäre ebenfalls ein amüsantes Buch wert – aber besser gleich zur dritten Reise. Sie führte uns vom 22. Juli bis zum 4. August 1958 an den Neusiedler See – hinzu mit dem Fahrrad, heimwärts z. T. mit Dampfern auf der Donau. Im Seebereich konnten wir in Illmitz bei einem Bauern auf dem Dachboden im Maisstroh nächtigen, nachdem uns das der Bürgermeister genehmigt hatte, und von da aus ließ sich das damals noch touristenfreie ornithologische Schlaraffenland auf Exkursionen erkunden. Gleich hinter dem Ort begann die Puszta, aus der abends Scharen von Hausgänsen und Horden von Schweinen auf Schotterwegen ins Dorf zurückkehrten. Der Vogelreichtum an den Flachwasserseen hinter den Ortschaften war ähnlich berauschend wie in der Camargue, und wir konnten der Reihe nach all die Kostbarkeiten der Region entdecken wie Großtrappe, Würgfalke oder Löffler. Damit kletterte unsere Life list 1958 nochmals um weitere elf Arten auf nunmehr stolze 249.

Als ich nach Rückkehr in Nagold einem Café-Besitzer von dem herrlichen Illmitzer Wein vorschwärmte, der noch dazu fast nichts kostete, fuhr er wenig später mit dem Auto dorthin und kehrte mit einem Wagen voll Weinflaschen zurück – so kam der wohl erste „Burgenländer“ nach Nagold, mit dem mich der Café-Wirt nach einer Kirchenchorprobe „beseelte“.

Mit den geschilderten drei Reisen und auf vielen kleineren Exkursionen, z. B. zu Auerhühnern im Schwarzwald (1955), zum seinerzeit letzten Uhu in Baden-Württemberg im Donautal (1956) oder zu den ersten Türkentauben im Lande (1957), hatten wir uns bis zum Abitur einen guten Überblick über die Vogelwelt Europas verschafft. Da Bestimmungsbücher seinerzeit rar waren, galt es, sehr sorgfältig zu beobachten, so dass viel davon bis heute hängen geblieben ist. Zudem bekamen wir durch die „erstrampelten“ Reisen viel von Land und Leuten mit, was unserem sich allmählich entwickelnden Weltbild guttat. Und so hatten wir uns bis 1959 neben der „Reife“-Prüfung ein gutes Rüstzeug geschaffen für unsere spätere Laufbahn als Biologen und für ein Leben in Europa allgemein. Die Frankreich- und Österreich-Reisen wurden zudem Grundlage für viele spätere Forschungsprojekte.

Beginn der wissenschaftlichen Arbeit

Als ich neun Jahre alt war, erhielt ich mein erstes Vogelbüchlein: „Gefiederte Freunde in Haus, Hof und Garten“, eine „Kurze Anleitung zum Beobachten und Erkennen einheimischer Vögel im Freien“, erschienen 1948 im Verlag „Volk und Wissen“, verfasst von Dr. Hans

Joachim Müller. Dieses kleine Büchlein, das gerade mal 90 Pfennige kostete, behandelte über 70 Arten und zeigte fast 50 davon in recht ordentlichen Farbbildern und Zeichnungen. Es war trotz seiner nur 52 Seiten wissenschaftlich gehalten und führte sogar weiterführende Standardwerke auf, z. B. von Heinroth und Niethammer.

Für mich war es der just zur rechten Zeit publizierte erste Helfer auf dem Weg in meine Scientia amabilis. Aber mir fielen auch bald Unzulänglichkeiten darin auf, und deshalb brannte ich darauf, einmal „richtige" große Vogelbücher kennenzulernen. Dazu bot sich Gelegenheit im Hause vom Federsee-Ornithologen Dr. Gerhard Haas, in dem reihenweise Standardwerke von Hartert, Heinroth, Niethammer usw. zu bestaunen waren. Nur eines hatte er nicht, das er aber in den höchsten Tönen lobte: „Naumann, Naturgeschichte der Vögel Mitteleuropas", herausgegeben in überarbeiteter Form von C. R. Hennicke von 1897 bis 1905 – ein zwölfbändiges Mammutwerk in Folio!

Und dann geschah etwas nahezu Unglaubliches: Kaum war ich 1955 in die DO-G eingetreten, wurde in ihrem Journal ein kompletter „Naumann" zum Kauf angeboten – für 300 DM – vom Überseemuseum in Bremen. Und meine Eltern ließen mich dieses Prachtwerk erwerben – für einen Betrag, der damals Schulgeld für ein halbes Jahr bedeutete! So kam denn eines Tages im Internat eine Holzkiste an mit zwölf Bänden im Format von 40 x 30 Zentimetern und einem Gesamtgewicht von 43 Kilogramm. Mit dieser Vogelkunde-„Bibel" am Arbeitsplatz, die sogar meinem Rektor großen Eindruck machte, konnte ich mich nun so recht in die Gefilde der Ornithologie vertiefen!

Am 4. Juni 1955 beobachtete ich auf der Alb bei Onstmettingen einen außergewöhnlichen Steinschmätzer. Nach Abgleich meiner Aufschriebe und Skizzen mit erfahrenen Ornithologen wie Dr. Kuhk von der Vogelwarte blieb kein Zweifel: Es war ein aus dem Osten stammender Nonnensteinschmätzer. Da dies den erst zweiten Nachweis für Deutschland bedeutete, wurde er im „Journal für Ornithologie" veröffentlicht – meine erste Publikation! Und siehe da: Gut zwei Wochen zuvor war ein entsprechender Vogel auch in Ungarn gesehen worden. 1961 folgte dann als Nächstes meine erste verhaltenskundliche Arbeit über Schnatterenten als Nahrungsschmarotzer, 1963 eine weitere faunistische Mitteilung über einen Rosenstar am Bodensee und dann bereits 1964 die Dissertation.

Hatten Feldstudien, die Beringung und der Einstieg in die Fachliteratur mich angestachelt, herauszufinden, was über unsere Vögel bereits bekannt ist und wo es dringend nötig wäre, Neues zu erforschen, so bewirkte dies eines noch viel mehr: das intensive Zusammenleben mit interessanten Vögeln.

Mein erster Girlitz hatte in Zittau schon einen Grundstein gelegt, so folgte in Nagold ein unvergessliches Erlebnis. Im Kältewinter 1956 (mit bis etwa –25 °C) erhielten wir am 3. März einen völlig entkräfteten Mäusebussard, der gerade noch 550 Gramm wog. Wilfried und ich hatten schon zuvor beobachtet, wie ausgezehrte Bussarde an der zufrierenden Nagold letzte Teichhühner schlugen und dann bald verhungerten. Wir durften den angeschlagenen Vogel in unserer Schule in einem leeren Klavierübungsraum einquartieren, stopften ihn zunächst mit Fleisch, und nach eineinhalb Wochen wog er 750 Gramm und flog wieder wie normal zwischen aufgehängten Ästen hin und her. Da wir kein Geld hatten, Fleisch zu kaufen, fingen wir am Stadtrand ein paar Katzen. Als ich das erste sauber ausgebeinte Fleisch einer unserer Küchenmamsellen brachte mit der Bitte, diese „Gabe aus dem Schlachthof" für unseren Bussard im Kühlschrank aufzubewahren, roch sie kurz daran und sagte ganz entsetzt zu mir: „Das ist ja eine Katze!" Mich traf fast der Schlag – aber sie kam aus der ländlichen Nachbarschaft Nagolds, und dort hatte man nach dem Krieg noch ordentlich Katzen gegessen …

Bald stellten wir die Fütterung um und boten unserem Patienten lebende Mäuse an, von denen er bis zu neun am Tag verzehrte. Da er sich am rechten Lauf zwei Zehen erfroren hatte, musste er die Mäuse vor allem mit dem linken schlagen, was er schnell lernte. Durch ein Guckloch in der Türe konnten wir sein gesamtes Verhalten aus nächster Nähe beobachten und waren restlos fasziniert. Am 20. März wurde er mit 880 Gramm Gewicht guten Gewissens wieder in die Freiheit entlassen – und ich hätte über ihn am liebsten ein bebildertes Büchlein geschrieben.

Der Bussard hatte mich so begeistert, dass ich 1959 drei nestjunge Steinkäuze von Hand aufzog, von denen einen das Zoologische Institut der Uni Tübingen für seine Schauvolieren bekam, einer entfleuchte, und einen hatte ich später jahrelang überall mit dabei – in der Studentenbude, auf der Alb und oft als „Wichtel" zum Kleinvogelfang für die Beringung – bis auch er eines Tages entwischte. Diese Vogelnähe hatte mich geradezu verrückt danach gemacht, möglichst bald gezielte Studien zu beginnen, aber immer noch hing das nahe Abitur wie ein Damoklesschwert über mir. Jedoch ich träumte damals der Reihe nach davon, eine Avifauna der Westalb zusammenzustellen, eine Populationsstudie an Rauchschwalben im Gut Niedereutin bei Mötzingen oder an Teichrohrsängern des Butzensees bei Bodelshausen durchzuführen, das Gefieder von Gimpeln nach Altersmerkmalen zu durchforschen oder auch einen Bildband über die Orchideen Süddeutschlands zu beginnen. Aus all dem wurde nicht viel, hatte aber ein Gutes: Mir war inzwischen klar geworden, dass ich unbedingt studieren sollte, um später qualifiziert forschen zu können, aber dem stand immer noch ein großes Fragezeichen im Wege – darüber mehr im nächsten Kapitel.

Hier noch zwei kleine Geschichten zum Abschluss. Immer wieder werde ich von meinen Vogelführungsgästen, von Forstleuten u. a. gefragt: Wie ruft oder singt der oder jener Vogel? Zwar konnte ich bald viele Vogelstimmen ordentlich imitieren, aber viele natürlich auch nicht. Als dann bei Kosmos erste Vogelstimmen-Schallplatten erschienen, war mir klar: Die müssen her! Da Geld knapp war, schrieb ich an den damaligen Kultusminister (!) von Baden-Württemberg, Wilhelm Simpfendörfer. Und siehe da – er antwortete nicht nur freundlich, sondern er schickte auch Geld für die Schallplatten, was mir neue Wege eröffnete.

Als ich nach dem Abitur Nagold verließ, kannte ich nicht nur die meisten Vogelarten Mitteleuropas, sehr viele sonstige Tierarten und die meisten Blütenpflanzen Süddeutschlands, wusste aber wenig über die grünen Gebilde, die Vögel oft in ihre Nester verbauen: Moose, und ebenso wenig über kleines Getier, das sie oft an ihre Jungen verfüttern: Schnecken. Das grämte mich – also nutzte ich die Monate zwischen Abitur und Studiumsbeginn, um ein Moos-Herbar und ein „Konchylien-Kabinett" anzulegen. Dafür fuhr ich mit meinem Moped bis in die entlegensten Winkel des Landes, und es lohnte sich. Für beide brachte ich je über 100 der rund 600 bzw. 250 damals bei uns nachgewiesenen Arten zusammen, bei den Moosen Raritäten wie das Flügelblattmoos *(Hookeria lucens)* aus dem Schwarzwald und bei den Schnecken winzige Lartetien aus Quellen der Alb. Damit hatte ich vor allem auch mein Selbstbewusstsein gestärkt in Richtung: tauglich fürs Studium! Und meine Mooskenntnisse konnte ich später trefflich nutzen: als Spezialgebiet in Botanik fürs Rigorosum.

Studieren oder nicht?

Unser Internat in Nagold war traditionsgemäß eine „Lehrerschmiede". Hervorgegangen aus dem 1881 gegründeten „Lehrerseminar", startete es 1947 neu als „Lehreroberschule", und obwohl es 1956 den neutralen Namen „Aufbaugymnasium" erhielt, besuchten die meisten Abgänger eine Pädagogische Hochschule (in Esslingen, Weingarten oder Reutlingen) und wurden Volksschullehrer. Nur wenige gelangten über ein Universitätsstudium ins Höhere Lehramt an Gymnasien, und der Weg über ein Vollstudium in eine wissenschaftliche Laufbahn war die große Ausnahme. Von unserer Klasse mit 32 Schülern (beim Eintritt 1954) und 24 verbliebenen bis zum Schulabgang waren dies drei – und das war viel. Wer also von unserer Schule zur Uni ging, tat etwas Außergewöhnliches und musste sich schon ordentlich emanzipieren. Und das fiel mir gar nicht leicht. In unserer Familie gab es nämlich keinen einzigen Akademiker, also „Studierten", den ich hätte fragen können, ob er mir ein Studium zutrauen würde. Meine Lehrer zu fragen war sinnlos, denn die rieten natürlich zur Lehrerlaufbahn. Auch meine Eltern konnten mir nicht wirklich raten. Mein Vater hatte in der Gefangenschaft Professoren verschiedener Fachrichtungen erlebt, die bar jedweder Unterlagen wochenlang „Vorlesung" halten konnten, weil sie alles im Kopf hatten, und er schwärmte oft mit leuchtenden Augen davon. Keine Frage – er hätte seinen Sohn sicher gern nach erfolgreichem Studium entsprechend erleben mögen. Aber er fügte dann auch hinzu, dass diese Menschen wohl ganz besondere Gehirne haben müssten – Professorenhirne eben – und da blieb die bange Frage: Hatte ich ein Hirn dieser Art?

Zum Glück gab es einen, der mir unermüdlich Mut machte für ein Studium, das mich ja einzig und allein der Forschung an meinen geliebten Vögeln näherbringen würde: mein Mentor und späterer väterlicher Freund Stadttierarzt Dr. Egon Köcher. Er kannte als Hobby-Naturkundler alle Standplätze von Orchideen und von anderen seltenen Pflanzen in Nagold und seiner Umgebung, auch Vorkommen besonderer Amphibien u. a. m. Aber er war trotz dieser hervorragenden Kenntnisse nach meiner Einschätzung nur durchschnittlich intelligent, also ganz „normal". Dafür sprach auch – bei gutem Glauben an Vererbung –, dass seine zwei Söhne nur „normal" begabt waren, so dass sie gelegentlich sogar für etwas Nachhilfe für die Schule durch mich dankbar waren. Und mit dieser Normalität hatte er ein tiermedizinisches Studium einschließlich Promotion absolviert und war im Raum Nagold ein hoch angesehener Fachmann. Und wenn er und seine mich liebevoll bemutternde Frau Lore mir immer und immer wieder sagten, ich müsse unbedingt Biologie studieren – und wenn nicht ich, wer dann? –, fing ich an, mehr und mehr Mut für ein Studium zu fassen.

Aber was sollte ich studieren – nur Biologie, gleich ausgerichtet auf eine wissenschaftliche Laufbahn, oder zunächst mehrere Fächer, mit dem Hintertürchen, gegebenenfalls noch ins Höhere Lehramt ausweichen zu können? Viele Fragen – wenige Antworten.

Ähnlich plagte sich damals mein Schulkamerad Dieter Möss mit der Idee einer Kombination von Biologie und Sport. Was es seinerzeit für uns überhaupt noch nicht gab: eine taugliche Studienberatung. Also war Selbsthilfe gefragt. So fuhren Dieter und ich im Februar 1959 zu einem privaten „Schnupperkurs" in die Uni Tübingen. Wir entschieden uns für einen Besuch im Botanischen Institut, und nachdem wir die Gänge inspiziert und wenig gesehen hatten, klopften wir beherzt an eine Tür mit dem Schild „Dr. O. Wilmanns". Es öffnete eine große blonde Dame, die wir offenbar beim Mikroskopieren gestört hatten, und fragte nach unserem Begehren. Wir sagten, wir kämen vom Lande, machten zurzeit Abitur und möchten erkunden, ob für uns ein Biologiestudium in Frage käme. Sie war ob unserer Unbedarftheit so verdutzt, dass sie uns, nachdem sie ihre Sprache wiedergefunden hatte, in ihr Zimmer eintreten und Platz nehmen ließ. Als wir sie dann mit Fragen bombardierten, merkte sie rasch, wie ernst es uns war, und nahm sich eine ganze Stunde Zeit für uns. Im Hinblick auf die Frage nach der besonderen Kapazität eines Professorengehirns wollte ich natürlich wissen: Wie viel müsste man denn etwa lernen, um nach einem

Studium der Botanik im Haupt- oder Nebenfach erfolgreich promovieren zu können? Und zu unserer größten Verblüffung konnte sie diese Frage beantworten. Es gäbe – sagte sie – den „Strasburger", ein „Lehrbuch der Botanik für Hochschulen", mit circa 700 Seiten Umfang. Und wenn man wüsste, was da drinsteht, dann wäre ein Rigorosum in Botanik zu schaffen. Sie empfahl uns, dieses Buch gleich anschließend zu erwerben, um uns dann ein Bild von der behandelten Fülle an Stoff machen zu können. Dieses Buch mit dem Eintrag „Tübingen, 26. II. 59" besitze ich noch heute, und nach einigem Drinherumblättern kamen wir zu dem Schluss: Das ist zu schaffen, das kann man in einigen Semestern sicher auswendig lernen.

Mit „Otti" Wilmanns, unserer Beraterin, die damals beim berühmten Botaniker Walter Zimmermann assistierte, habe ich beim bald beginnenden Studium nur wenig zu tun gehabt. Aber sie kam später als Botanikprofessorin aus Freiburg zu mir in die Vogelwarte nach Schloss Möggingen, um über ein gemeinsames Projekt der Pflanzensamenverbreitung durch Vögel zu sprechen. Dabei fragte ich, ob sie sich erinnern könne, 1959 einmal von zwei Pennälern vom Lande heimgesucht worden zu sein zwecks Studienberatung. Und ob – sagte sie spontan, aber als ich ihr sagte, einer davon sitze ihr gerade gegenüber, war sie fast so sprachlos wie seinerzeit in Tübingen.

Danach war alles sehr einfach. Ottis Auskünfte, die Einblicke in den Strasburger, der Besuch im Botanischen Institut – all das hatte die letzten Zweifel ausgeräumt: Wir studieren! Dieter Bio und Sport, ich Bio, Chemie und Geografie, und da wir uns in der Schule gut vertrugen, starteten wir in einer gemeinsamen Studentenbude bei der Landwirtin „Rosl" in Hirschau bei Tübingen.

Biologie – wie im Fluge

Mit dem Sommersemester 1959 legten wir los. Bis zum Studienbeginn war mir klar geworden: Dem Inhalt des „Strasburger“ und einiger anderer Studienbücher, die ich mir inzwischen besorgt hatte, nach zu urteilen, sah das Studium der Biologie und erst recht der „Ballastfächer“ Chemie und Geografie sehr nach einer Art verlängertem Schulbetrieb aus, wenn auch mit mehr Tiefgang. Da mein ganzes Sinnen und Trachten inzwischen auf spätere Arbeit an der Vogelwarte ausgerichtet war – und dort natürlich auf eigenständige Forschung –, galt für mich: Je schneller ich das Studium hinter mich brächte, desto früher könnten Forscherträume wahr werden.

Also war es wieder einmal nötig, wie schon in Nagold im Hinblick auf Beringen und Lernen, Strategien zu entwickeln. Dazu kam Dieter und mir unser Internatsvorleben so recht zupasse. Während viele erstsemestrige „Mamasöhnchen“ um uns herum, erstmals auf sich allein gestellt, mit allem zu kämpfen hatten, also vom rechtzeitigen Aufstehen morgens über Kaffeekochen, In-der-Mensa-Essen bis zum pünktlichen Erscheinen zu Vorlesungen usw., sah es bei uns völlig anders aus. Wir genossen es, die Internats-„Kaserne“ hinter uns zu haben, blühten auf in der neuen Freiheit und nutzten diese Euphorie, um loszulegen wie die Wilden.

Da mich im Gegensatz zu Dieter kein Sport erheblich forderte, belegte ich alles an Vorlesungen, Praktika und Seminaren, was sich in einem Wochenstundenplan irgendwie unterbringen ließ – und sogar noch mehr. Wir bildeten nämlich mit Dietmar Lutz aus Reutlingen und Ekkehard Seitz aus Böblingen eine sehr effiziente „Viererbande“-Vereinbarung. Jeder von uns besuchte schwerpunktmäßig eine Hauptvorlesung – ich die Botanik, zuerst von Zimmermann, später von Mägdefrau –, natürlich lückenlos, und fertigte davon nach bestem Wissen und Gewissen ein sowohl umfassendes als auch fehlerfreies Skriptum an.

Durch Austausch dieser Skripten hatte jeder von uns einen Wissensschatz in der Hand, als hätte er alle Grundvorlesungen durchweg besucht. Auf diese Weise konnten wir Überschneidungen mit Praktika, Seminaren u. a. in Kauf nehmen und viel Zeit gewinnen. Das gelang ebenso bei den Exkursionen. In der Botanik, Geografie und Zoologie summierten sich die damals vorgeschriebenen Exkursionen auf mehrere Monate. Mancher gemütlich vor sich hin Studierende erfuhr erst bei der Anmeldung zur Prüfung, dass noch Exkursionstage fehlten, und musste deswegen ein Semester anhängen.

Unsere Viererbande ging so vor: Wir kontrollierten täglich ab frühmorgens die Anschlagtafeln der Institute auf frisch ausgehängte Eintragungslisten für angekündigte Exkursionen und ergatterten so fast immer einen Platz in der zugelassenen Teilnehmerzahl. War das nicht der Fall, half eine weitere Maßnahme. Meine Eltern hatten 1959 ein erstes Auto gekauft, einen VW-Käfer, und ich konnte gleich danach meinen Führerschein erwerben. War eine Teilnehmerliste für eine Exkursion voll – meist begrenzt durch die Anzahl an Sitzplätzen im Reisebus –, bot ich dem Exkursionsleiter an, die Fahrt mit dem Auto meiner Eltern zu begleiten, wobei ich noch drei Kommilitonen zur Teilnahme verhelfen konnte. Diese „Sozialleistung" führte fast immer zum Erfolg.

So verging das Studium wie im Fluge. In den Semesterferien arbeitete ich auf dem Bau, um Geld zu verdienen, später als studentische Hilfskraft an der Vogelwarte. Als ich zum Winter 1961 an den Bodensee abschwirrte, um an der Vogelwarte meine Doktorarbeit zu beginnen, hatte ich alle für eine Promotion erforderlichen Scheine für die Pflichtveranstaltungen wie Vorlesungen, Praktika, Seminare, Exkursionen und sogar noch für je ein Volks- und Oberschulpraktikum beisammen. Damit musste ich mich nach dem Abschluss des praktischen Teils meiner Doktorarbeit „nur noch" ein Jahr – vom Sommer 1963 bis zum Juli 1964 – tagtäglich von morgens sieben bis abends 19 Uhr in die Bibliothek des Zoologischen Instituts setzen, um das zu tun, was ich schon 1959 geplant hatte: den „Strasburger", etwa zehn weitere Bücher sowie unsere Vorlesungsskripte im Wesentlichen auswendig zu lernen.

So gerüstet ging ich dann am 16. Juli 1964 morgens recht gelassen ins Rigorosum in Zoologie (Hauptfach), Botanik und Geografie. Es begann mit der Botanik – und das halbstündige Prüfungsgespräch mit Professor Mägdefrau war ein prima Auftakt. Er wollte viel über mein Spezialgebiet – die Moose – wissen, eilte aber auch quer durch die gesamte Botanik, horchte auf, als ich ihn auf fünf sachliche Fehler im „Strasburger" hinwies und gelobte, Korrekturen zu veranlassen. Und er strahlte, als ich eine scheußliche Frage aus der Nachbardisziplin Zoologie beantworten konnte: Über welches Tier Charles Darwin eine Monografie geschrieben hatte – es ist der Regenwurm.

Zurück im Zoologischen Institut, wo ich mich auf die einstündige Hauptprüfung in Zoologie einstimmte, erschien mein Kommilitone Berthold Siessegger und sagte: „Mensch, was hast du mit dem Mägdefrau angestellt? Der schwärmt in den höchsten Tönen von der Prüfung mit dir!" Das war natürlich ein prima Start, und ähnlich gut verliefen auch die Prüfungen in Zoologie und Geografie, schlussendlich alle drei belohnt mit der Bestnote. Damit hatte sich unsere Strategie für ein effizientes Studium ausgezahlt – zehn Semester inklusive Doktorarbeit, das war zumindest in Tübingen das kürzeste naturwissenschaftliche Studium mit Promotion in der Nachkriegszeit. Vor dem Krieg ging's bisweilen noch schneller. Wenn mein väterlicher Freund, der weltberühmte Evolutionsbiologe Ernst Mayr, aus den USA bei uns zu Gast war, sagte er gern zu meinen Studenten, um mich zu ärgern: „Ja, euer Peter, der konnte ja noch nicht so lange forschen wie ich, denn der hat schließlich viel Zeit für sein Studium gebraucht – zehn Semester, bei mir waren es gerade mal acht …"

Nun wird vielleicht mancher denken: Was für arme Irre – wie kann man sich seine Studienzeit, die ja auch schön und reichhaltig sein soll, so verderben durch krankhafte Streberei mit Scheuklappen und sturem Blick auf ein einziges Ziel. Zur Beruhigung: Wir waren zwar maximal effizient, haben unser Studium aber dennoch in vollen Zügen genossen. Da ich morgens meist schon um sechs Uhr im Institut am Arbeitsplatz saß und öfter gleich auf einem Packen weißer Kittel im Labor geschlafen hatte, bis mich die Putzfrauen zum Morgenkaffee weckten, war bis zum späten Nachmittag ein großes Pensum an Arbeit geschafft. Und dann blieb genügend Zeit für eine gemütliche Studentenrunde bei Bier, Most, Skat und natürlich auch für vielerlei Fez, manch derben Scherz oder gottlob gut überstandene Eskapaden. Zwei zumutbare von vielen will ich zum Besten geben.

Bei einem Bier im „Posthörnle" reizte Dieter Möss einen unserer Assistenten so lange mit der Vorgabe, Berthold würde für einen Kasten Bier eines der beiden mit Trichinen infizierten Meerschweinchen aus der Tierhaltung des Institutes braten und essen, bis der Genervte schließlich sagte: „Okay, die Wette gilt." Ihm wurde dann bereits schlecht, als ich das Tierchen abbrühte, um es gut rupfen zu können, so dass einer seiner Vertrauten überwachen musste, wie ich die dünn geschnittenen Scheiben kross briet, um die Trichinen abzutöten, damit ich das an und für sich sehr leckere Fleisch gefahrlos essen konnte. Als dann tags darauf sogar die Kripo ermittelte, um eine Verseuchung der Tübinger Bevölkerung mit Trichinen zu verhindern (!), schlug der Spaß in bitteren Ernst um. Zum Glück blieben seinerzeit alle Ermittlungen erfolglos. Den noch lebenden Tübinger Zoologen habe ich mich dann nach einem Vortrag 2003 offenbart – bei immer noch lähmendem Entsetzen einiger der Eingeweihten.

Das zweite Ereignis lässt sich gut betiteln mit „tot geglaubt". Wir waren gegen Semesterende wieder einmal aufgebrochen gen Hohenentringen, gut zehn Kilometer von Tübingen entfernt, zu Fuß natürlich, um in dem alten Bergschloss zu feiern wie die Rittersleut'. Der Heimweg durch den Schönbuch zog sich über Stunden hin, und weit nach Mitternacht sah ich vor mir: Tübingen! Leider bestieg ich danach noch mein Moped, um in meine Studentenbude nach Unterjesingen zu fahren. Die Fahrt endete jäh auf halbem Weg in einer Baugrube am Straßenrand. Aus ihr konnte ich noch herausklettern und ein nahendes Auto anhalten – ein Kleinbus mit französischen Soldaten, die mich und mein Moped einluden –, dann folgte der Filmriss. Das Nächste, was ich dann erlebte, war: ein heller Raum, schmal und langgestreckt, und es stank entsetzlich, und jemand schrie laut: „Der lebt, der lebt!" Des Rätsels Lösung: Da in der Unfallklinik, in die mich die Franzosen gebracht hatten, wenig Platz und die Stationsschwester ein „Dragoner" war, ließ sie mich nach Säuberung und Verpflasterung auf die Toilette stellen. Dort hatte sich morgens ein Patient für sein Geschäft niedergelassen und bei sich gedacht: Mein Gott, da ist wohl ein armer Kerl heut Nacht verstorben. Bis ich mich bewegte ... Aus dieser Episode habe ich viel gelernt.

Und „Weiber"-Geschichten? Ansehnliche Frauen waren für mich – meist nach den Piepmätzen – die schönsten Mitlebewesen, die ich mir vorstellen konnte. Schon in Zittau hatte ich als 14-Jähriger herausgefunden, dass man unserer hübschen Russischlehrerin am besten tief in den Ausschnitt schauen konnte, wenn man das Schulheft zur Kontrolle der Hausaufgaben nicht am Gang, sondern im Mittelteil der Schulbank fixierte – und hatte prompt eine Ohrfeige dafür eingefangen. In Tübingen war ich, auch was das andere Geschlecht anbelangt, sehr pragmatisch: Ich habe meiner dritten Jugendliebe vorgeschlagen zu heiraten, damit wir in einer Zeit, in der noch der Begriff Kuppelei grassierte und die außerdem auch noch strafbar war, nicht ständig den Molesten ängstlicher oder missgünstiger Wirtsleute ausgesetzt waren. So heirateten meine erste Frau und ich im Mai 1963, so dass wir jeden Morgen aus „geordneten Verhältnissen" heraus unserem Tagwerk nachgehen konnten – sie als Pharmazeutin in der Apotheke, ich zum Lernen in der Bibliothek. Ich war übrigens damals in Tübingen einer der Ersten, die eine Studentenehe eingingen, und meinen Professoren gefiel das z. T. gar nicht. Aber nach meiner erfolgreichen Promotion in Rekordzeit sagte mir mein gestrenger und streng katholischer Prüfer Franz Peter Möhres, er müsse in dieser Hinsicht Abbitte tun.

Ideenschmiede schwimmendes Gartenhaus

Mit dem im Sommersemester 1959 beginnenden Studium habe ich mich zunehmend auf die Vogelwarte „zubewegt", und im Januar 1960 fragte ich konkret an, ob wohl Chancen bestünden, später einmal als Ornithologe am Institut arbeiten zu können. Man schrieb mir freundlich zurück, dass sei durchaus denkbar, aber bei den wenigen vorhandenen Stellen nicht vorausplanbar, und so wäre ein möglichst breit angelegtes Studium mit Ausweichmöglichkeiten in andere Fachrichtungen geboten, was ich ohnehin für sinnvoll hielt.

Dann wurde mir schnell klar: Von zentraler Bedeutung ist sicher die Doktorarbeit, sowohl im Hinblick auf das Thema als auch auf die Zeitdauer. An der Uni in Tübingen, wie auch anderswo, mangelte es nicht an abschreckenden Beispielen: schlecht betreute Doktoranden, die jahrelang an wenig aussichtsreichen Themen vor sich hin werkelten.

Zum Glück kam in die Phase schwieriger Überlegungen für die Dissertation Eberhard „Ebo" Gwinner – mein späterer Kumpan und Kodirektor am Institut – von Freiburg nach Tübingen, um bei Walddorf seine Doktorarbeit mit Kolkraben zu beginnen, betreut vom Max-Planck-Institut in Seewiesen aus. Das inspirierte mich gewaltig, bereits 1960 Professor Schüz, Direktor des Staatlichen Museums für

Naturkunde in Stuttgart und „Noch-Direktor" der Vogelwarte, vorzuschlagen, mich als Doktorand mit einem vogelkundlichen Thema zu betrauen.

Schüz machte mir einen äußerst verlockenden Vorschlag. An der Vogelwarte sollte Dr. Josef Szijj, ein aus Ungarn geflüchteter Ornithologe, ökologische Studien an Wasservögeln des Bodensees durchführen – und Schüz fragte mich, ob ich ihn in den Semesterferien als studentische Hilfskraft unterstützen könnte. Ich war natürlich wild begeistert – meine erste größere Arbeit nahe an der Vogelwarte!

Und so zog ich vom 15. September bis zum 28. Oktober 1960 auf eine Art schwimmendes Gartenhaus auf einem Metalltank – die Beobachtungsstation „Netta" (der lateinische Gattungsname der Kolbenente – einem Schmuckstück des Bodensees). Sie lag mitten im Ermatinger Becken im Untersee, dem angedachten Untersuchungsgebiet, unweit der Rheinrinne, und auf ihr hauste ich wie Robinson. Wollte ich an Land, musste ich ein Boot benutzen, aber viele Tage lang war ich „Seemann".

Die Zusammenarbeit mit Szijj war enttäuschend. Er tauchte nur sporadisch auf und hatte wenig konkrete Pläne für sein zwei Jahre von der Deutschen Forschungsgemeinschaft finanziertes Projekt, so dass ich oft mir selbst überlassen war. So nutzte ich meine Zeit, indem ich im Schilf Netze stellte und Vögel beringte. Diesen Vogelfang intensivierte ich nochmals stark bei meinem zweiten Aufenthalt auf der „Netta" vom 4. August bis zum 23. Oktober 1961. Damit wurde 1961 für meinen Vater und mich zum absoluten Beringungs-Rekordjahr mit 4022 Individuen 86 verschiedener Arten (!), darunter 618 Teich-, 105 Drossel- und 98 Schilfrohrsänger, 292 Rohrammern, 82 Uferschwalben, 50 Eisvögel, 15 Flussufer- und zehn Bruchwasserläufer und als „Leckerbissen" sieben Raubwürger, zwei Schwarzhalstaucher und sogar eine Doppelschnepfe. Das Highlight aber war der Fang von 124 Beutelmeisen, davon 87 in zwei Tagen, am 2. und

3. Oktober. Diese Sensation veranlasste damals Dr. Kuhk, mich eines Tages von der Vogelwarte aus per Bahn und Taxi vor Ort aufzusuchen, um in Beutelmeisen zu schwelgen.

So berauschend die Fangergebnisse auch waren – mit zum Teil auch spektakulären Wiederfängen von z. B. in Holland und Schweden beringten Schilfrohrsängern –, bedeutsam war für mich etwas ganz anderes. Ich lebte wochenlang Tag und Nacht meist mutterseelenallein in der Natur, umgeben von Tausenden von Vögeln. Dabei begann ich, mich in diese Geschöpfe hineinzudenken wie nie zuvor, fühlte mich selbst oft fast wie ein Vogel und erfuhr auf alle Fälle meine bislang stärkste Prägung auf die Gefiederten. So bekam ich das „Gefühl", dass einzelne Arten auch auf dem Durchzug regelmäßig in ganz bestimmten Biotopstrukturen auftauchen, wie wenn sie diese gezielt aufsuchen würden. Wie aber konnten sie die in dem riesigen Uferbereich finden, und wie klar würde so eine Biotopzonierung bei näherer Untersuchung ausfallen, und welchen Sinn könnte sie haben? Mit diesen Überlegungen war der Grundstein gelegt für eines unserer größten späteren Forschungsprogramme – des 1968 gestarteten „Mettnau-Reit-Illmitz-Programms".

Dann drängten sich Fragen auf, wie lange die beringten Durchzügler wohl rasten, wie weit sie ihre nächste Etappe führen würde und von wo aus sie zum Bodensee gekommen waren. Fragen über Fragen, die im „Grundriss der Vogelzugskunde" von meinem baldigen Doktorvater Schüz noch nicht behandelt waren und von denen ich unbedingt erfahren wollte, was der gegenwärtige Stand der Forschung dazu hergibt und was eventuell ich zur Klärung dazu beitragen könnte. So war der Umstand, dass ich mich als studentische Hilfskraft sehr viel selbst beschäftigen musste, geradezu ideal: Das schwimmende Gartenhaus wurde zur Ideenschmiede für viele Aspekte meiner späteren Forschungsarbeit.

Übrigens hat das Wasservogelprojekt nie richtig „Biss“ bekommen, und Dr. Szijj ist dann 1969 an die Pädagogische Hochschule in Essen übergewechselt.

Das Leben auf der „Netta“ war so verschieden von „normal“, dass es noch einer kurzen Skizze bedarf. Es gab natürlich keine Heizung, aber immerhin einen Gaskocher und eine Petroleumlampe. So ließ sich täglich eine warme Mahlzeit bereiten, oft aus liegen gebliebenem Gemüse von der Insel Reichenau, Fisch aus einer im Schilf gestellten Reuse, auch frisch gelegten Schwaneneiern oder an Leitungsdrähten verunglückten Wasservögeln. Einmal entdeckte ich auf dem Sandboden vor dem Schilfufer einen weit über einen Meter großen ruhenden Wels, alarmierte sofort Fischer auf der Reichenau, die ihn mit Stecknetzen fangen konnten – und das brachte mir ein Essen von einer Hochzeit ein, auf der der Wels kredenzt wurde.

Das Robinson-Leben brachte natürlich viele irrwitzige Erlebnisse mit sich. Obwohl der Anker der „Netta“ über einen halben Zentner wog, trieb mein Boot in einer Sturmnacht über 200 Meter ab. Ein anderer Sturm bei Gewitter warf mein „Nussschalen-Kleinboot“ über 50 Meter tief ins Schilf hinein, wobei der Motor so beschädigt wurde, dass nur noch flottschieben half. Ging ich nach Sturmtagen zum Einkaufen, musste ich mich manchmal an den Regalen im Laden festhalten, weil sie vor meinen Augen auf und ab schwankten, so dass ich glaubte, ihr Inhalt würde auf mich niederfallen.

Einmal wurden Szijj und ich von Grenzpolizisten mit gezogenem Revolver verhaftet, als wir nachts eine Entenreuse kontrollierten – man hatte uns für Kaffee- oder Uhrenschmuggler gehalten und von einem „dicken Fang“ geträumt. Weniger amüsant war, als die „Netta“ nachts von Schweizer Seite her mit einer Patrone aus einem Gewehr durchschossen wurde und das Projektil im gegenüberliegenden Fensterladen stecken blieb. Zum Glück war ich damals in Tübingen. Ermittlungen blieben erfolglos, und die Frage, ob der Schütze meinen

Tod billigend in Kauf genommen hätte, blieb offen. Immerhin waren damals in der Zeit der „Belchenschlacht“ (Bläßhuhnjagd) die Fehden zwischen Jägern und Vogelschützern heftig. So wurde damals das Boot eines Naturschutzwarts im benachbarten Wollmatinger Ried in kleine Brennholzscheite zerlegt.

Aber es gab auch köstliche Erlebnisse. Eines Tages, wieder mal in den See gefallen, trocknete ich meine Kleider an der Wand des Wohnbootes und mich selbst bäuchlings auf den warmen Planken des Bootstanks in der Sonne, als ich im Halbschlummer Sphärengesang hörte. Ich stand auf, vergaß, dass ich im Adamskostüm war – und wenige Meter entfernt glitt ein Boot vorbei mit … ungefähr 15 singenden Nonnen, die vom Kloster Hegne unterwegs waren. Ich weiß nicht, wie lange sie mich wohl betrachtet hätten, aber der Steuermann riss das Steuer herum, der Gesang verstummte, und die heiligen Frauen entschwanden, so schnell es ging.

Weniger heilig war ein Piratenschmuck, der die Holzwand im Innern der „Netta“ zierte. Dort hatte ich einen schwarzen BH meiner Verlobten aufgehängt und in die Körbchen große Fleischtomaten gelegt, die abends im Schein der Petroleumfunzel blutrot durchschimmerten und ein wunderschönes Pendant zum im Glase funkelnden Rotwein abgaben. Als mich Dr. Kuhk der Beutelmeisen wegen besuchte, ein, wie anzumerken ist, recht stocksteifer ältlicher Junggeselle, sah ich das Entsetzen in seinen Augen nach Entdeckung dieser „sündigen“ Dekoration. Nach längerem Anlauf und einleitendem Räuspern meinte er dann, das solle ich doch wohl besser abhängen, wenn Besuch ins Boot stünde. Das sahen die Beamten der Wasserschutzpolizei jedoch ganz anders, wenn sie bei mir nach „dem Rechten“ sahen, ein gemütliches Bierchen tranken oder mir eine geflügelte Möwe oder eine gewasserte Wachtel brachten.

Eine weitere Bereicherung meiner Bodensee-Aufenthalte war: Ich lernte damals die führenden Köpfe der deutschen Bodensee-Amateur-Ornithologen kennen, Harald Jacoby, Gerhard Knötzsch und Siegfried Schuster, die ab und zu Arbeitstreffen veranstalteten und mich dazu einluden. Sie wurden später wichtige Partner von Teilen unserer Feldarbeit.

Doktorarbeit mit zwei Vätern

1959 wechselte Ebo Gwinner von der Uni Freiburg, an der er 1958 sein Studium begonnen hatte, an die Uni Tübingen. Wir hatten uns 1956 als junge Vogelkundler am Federsee kennengelernt und trafen uns nun wieder. Ebo erzählte mir, dass er in Walddorf bei Tübingen eine verhaltenskundliche Doktorarbeit an in Volieren gehaltenen Kolkraben beginnen würde, und zwar auf einem Gelände der Max-Planck-Gesellschaft, betreut von Konrad Lorenz und Jürgen Aschoff von Seewiesen aus. Und das kam so: Er hatte zuvor bei Dr. Hans Löhrl an der Vogelschutzwarte in Ludwigsburg mitgearbeitet und war über ihn mit dem berühmten Orientierungsforscher Gustav Kramer bekannt geworden, bei dem er die Kolkrabenstudie durchführen sollte. Als Kramer bald danach tödlich verunglückte, übernahmen Lorenz und Aschoff die externe Betreuung, und an der Uni Tübingen war Professor Möhres der offizielle Mitbetreuer. Was habe ich Ebo beneidet! Diese Kombination erschien mir ideal – ein ornithologisches Thema, von besten Fachleuten betreut und an der Uni von einem zweiten Doktorvater vertreten!

Also machte ich mich auf den Weg zum „Vogelzug- und Vogelwarte-Professor“ Ernst Schüz nach Stuttgart und fragte an, ob ich bei ihm eine Doktorarbeit machen könne. Er war sichtlich verlegen, als er mir offenbarte, er habe noch nie einen Doktoranden betreut. Aber ich sagte ihm, das mache nichts, und wenn er zusagen würde, dann hätte er ja (endlich) einen. Als Thema schlug ich eine Populationsstudie an Teichrohrsängern am Butzensee bei Hechingen vor. Er bat sich Bedenkzeit aus – und stimmte zu meiner großen Freude bald darauf zu, und an der Uni wurde Möhres mein offizieller Betreuer. Mit dem Rohrsängerthema konnte er sich nicht anfreunden, da er die Vögel zu wenig kannte, und schlug mir ein Thema über Stare vor.

Ich war begeistert, einmal, weil ich Stare ganz besonders mochte, und zum anderen, weil das Thema höchst attraktiv war: Untersuchung der Jahresperiodik, insbesondere des Gonadenzyklus und der Brutreife, und hier vor allem der Frage, warum Jungstare mancher Populationen schon gegen Ende ihres ersten Jahres, andere aber erst ein Jahr später erstmals brüten. Wir heckten bereits 1960 einen Ablaufplan aus, damit 1961 alle Vorbereitungen erfolgen und 1962 das Projekt beginnen konnte.

Der Hauptplan: Beschaffung von je 50 nestjungen Staren aus Holland (Population mit früher Brutreife) sowie aus Finnland (späte Brutreife) und detaillierte Freilandstudien der süddeutschen Population (frühe und späte Brutreife); Handaufzucht der Jungstare in der Vogelwarte Radolfzell, danach dort Haltung der Vögel in großen Volieren und schließlich Prüfung, wie sich die unterschiedliche Brutreife der beiden Stichproben bei Haltung unter identischen Bedingungen entwickelt. Schüz, dem Stare durch eine Studie in Rossitten ans Herz gewachsen waren, kümmerte sich als idealer Doktorvater rührend um meine Arbeit, so wie man das von vielen Vätern kennt, die spät doch noch einen Sohn bekommen. Er beantragte Genehmigungen, ein Stipendium und Sachmittel für mich bei der DFG und veranlasste befreundete Kollegen in Holland (Dr. Huybert Kluijver) und Finnland (Prof. Dr. Lars von Haartman) Nistkästen für „meine" Jungstare aufzuhängen.

Ich zog im Juli 1961 während meiner botanischen Praktika schon probehalber neun Jungstare von Hand auf, wofür ich vom Institutsdirektor Professor Erwin Bünning eine Sondererlaubnis erhielt. Und das war auch gut so: Da ich die Praktika alle 45 Minuten zur Fütterung meiner Zöglinge verlassen musste, geriet der eine oder andere Mitarbeiter von Bünning schon mal in Rage, wenn ich mitten in seinen hochwissenschaftlichen Ausführungen „die Flatter machte".

Im Winter 1961/1962 habe ich dann in der Nähe von Schloss Möggingen drei große Volieren gebaut für die rund 100 Jungstare der beiden in Aussicht genommenen Populationen. Sie maßen 10 x 4 x 2,5 Meter und bestanden aus einem Holzbalkengerüst, das mit Maschendraht verkleidet war und einen überdachten Winterraum besaß.

Die Beschaffung der Vögel und ihre Handaufzucht im Frühjahr 1962 klappten vorzüglich, und auch gewisse Überschneidungen von Beschaffung und Aufzucht ließen sich meistern, da mein Vater und meine Frau Heide mit einsprangen. Die Haltung bis zum Frühsommer 1963 brachte aber unerwarteterweise viele Probleme mit sich: Der Jahrhundertwinter mit der „Seegfrörne" (Zufrieren des ganzen Bodensees), der schon am 24. Oktober 1962 mit Schneefall Einzug gehalten hatte, verlangte mir alles ab. Viele Wochen lang musste ich mehrfach am Tag gefrorenes Futter in den Volieren einsammeln und neues nachreichen, bis das eingesammelte wieder aufgetaut war. Erst im Mai 1963 tauten die Wasserleitungen im Schloss wieder auf – und meine angefrorenen Ohren machten mir noch im Juni zu schaffen. Aber aller Einsatz hatte sich gelohnt. Sowohl die holländischen als auch die finnischen Vögel wurden bereits gegen Ende des ersten Lebensjahres brutreif und legten trotz des strengen Winters schon im April Eier – sechs Wochen vor freilebenden Staren. Daraus ergab sich: Brutreife und Brutbeginn sind nicht starr zeitlich programmiert, sondern stark umweltabhängig. Für die frühe Brutreife der finnischen Stare erschien am ehesten der Ausfall ihres normalerweise weiten und späten Heimzugs (aus England) ausschlaggebend, und eine Hemmwirkung des Zuges auf den Gonadenzyklus ließ sich später in der Tat nachweisen. Und der allgemein frühe Brutbeginn der Volierenvögel hing mit dem günstigen Nahrungsangebot zusammen.

Nach umfangreichen histologischen Studien, Auswertungen und Literaturrecherchen schrieb ich meine Dissertation 1963 zusammen und begab mich im Sommer in Lernklausur, um im Juli 1964 zu promovieren. Zusammenschreiben – mit zwei Doktorvätern – da bedurfte es oft größter Diplomatie. Schüz, ein äußerst vorsichtiger Mensch, wählte gern umschweifige Satzgebilde mit vielen Wenn und Aber, um sich nicht allzu sehr festlegen und später festnageln lassen zu müssen. Wenn ich einen seiner Vorschläge dieser Art nach langem Hin und Her in die Diskussion eingebaut hatte, konnte Möhres sagen: „Diese Passage ist Ihnen wohl nach etwas zu viel Rotwein untergekommen." Strich oder änderte ich sie, konnte Schüz kontern: „Sage Sie – mir habet da so e schöne Formulierung g'habt, und jetz habe Sie die eifach wieder rausgschmisse – des g'fallt mer gar net!" Aber mit viel Geduld brachte ich alles unter einen Hut, und mehrfaches freundliches Mahnen von Schüz brachte auch Möhres dazu, meine Arbeit nicht, wie sonst üblich, monatelang ungelesen liegen zu lassen. Als externe Arbeit konnte sie von Seiten der Uni natürlich nur mit magna cum laude bewertet werden, da ich aber im Rigorosum in allen drei Fächern summa cum laude erreichte, ergab sich eine respektable Gesamtnote.

So wurde ich am 16. Juli 1964 „Dr. rer. nat." – Doktor der allgemeinen Naturwissenschaften – und glaubte mich meinem Lebensziel – der Vogelwarte – sehr nahe. Aber das war ein Irrtum, wovon ich damals Gott sei Dank noch nichts wusste. Auch darüber hatte ich mir seinerzeit noch keine Gedanken gemacht: Meine Doktorarbeit war 15 Jahre nach Gründung der Vogelwarte Radolfzell 1946 die erste experimentelle Arbeit, die am Institut durchgeführt wurde. Das nahm die Max-Planck-Gesellschaft mit großem Interesse wahr, und das hat mir später – wie ich dann erfuhr – wichtige Wege geebnet.

Dr. rer. nat. – und wie zur Vogelwarte?

Wenn ich 1960 und 1961 von der „Netta" aus der Vogelwarte in Schloss Möggingen einen Besuch abstattete, war das immer wie ein Ausflug in eine Märchenwelt längst vergangener Zeiten. Im Institut wie im gesamten Schloss herrschte andächtige Stille, und in den riesigen Räumen brannten Kachelöfen, für die Werner Rath Unmengen Brennmaterial in den zweiten Stock schleppte, zumal die Öfen auch am Wochenende durchgefeuert werden mussten. Wenn ich mich im Büro von Hans Sonnabend und Franz Nägele auf die „Kunst" des Ofens wie auf einen Hochsitz setzte und wir über meine Seeabenteuer plauderten und lachten, zog es der eher menschenscheue Dr. Kuhk vor, in seinem Bibliothekszimmer zu verbleiben, um mir danach leicht scherzhaft zu bedeuten, ich möge doch bitte die beiden ja nicht zu sehr von ihrer Arbeit ablenken.

Das Märchenhafte dieses Schlossidylls hatte jedoch schlagartig ein Ende, wenn ich wissen wollte, wie denn eigentlich das Institut künftig geführt werden solle, da Schüz ja Museumsdirektor in Stuttgart und nicht Direktor vor Ort war, wie hier vielseitige Forschung wie früher in Rossitten wieder in Gang kommen solle – und, und, und. Auf diese Fragen erntete ich nur Schweigen, merkte aber, dass es im Hintergrund darüber offenbar rumorte. Über diese Gärungsphase im Institut erfuhr ich lange nur bruchstückartig Anekdotisches, bis sich die Mosaiksteinchen allmählich vor allem durch Aktennotizen von Schüz zu einem klaren Bild formten.

Im Zuge der Gründung der Max-Planck-Gesellschaft (MPG) aus der Kaiser-Wilhelm-Gesellschaft (KWG) 1960 wurde die Vogelwarte als ehemaliges KWG-Institut voll von der MPG finanziert. Aber sie war in der MPG ein seltsames Gebilde: mit Schüz als einem Direktor am Naturkundemuseum in Stuttgart, also einem externen Direktor, der noch dazu kein Wissenschaftliches Mitglied der MPG war.

Das erregte zunehmend Unmut in der MPG und führte zu einer pikanten Aktion, die Erich von Holst im 1954 gegründeten MPI für Verhaltensphysiologie (MPIV) in Seewiesen ausgebrütet haben soll. Als Schüz 1956 mit dem Präparator Manfred Wagner per Motorrad am Kaspischen Meer unterwegs war, um die dortige Vogelwelt zu erforschen, erreichte ihn ein Brief der MPG mit zwei Mitteilungen: Erstens – er solle für seine Verdienste um die Vogelwarte zum Wissenschaftlichen Mitglied der MPG ernannt werden. Darüber musste er sich natürlich freuen. Und zweitens: Bereits zum 1. Oktober sollte Gustav Kramer neuer Direktor der Vogelwarte werden, das würde ihn ganz sicher weniger erfreuen, aber durch die gleichzeitige Ehrung, als gefürchteter Kämpfer, hoffentlich milder stimmen.

Und Schüz reagierte tatsächlich „vernünftig" – er reiste vorzeitig zurück zur Jahresversammlung der MPG und stimmte dort unter Vorbehalt zu. Er schreibt dazu in einer Aktennotiz vom 10. November 1956: „Die Generalverwaltung der MPG hat mich im Kaspischen Busch mit einem Brief überrascht, ob ich bereit sei, Herrn Dr. Kramer als Nachfolger zu betrachten und ihm die Leitung auf 1. Oktober 1956 zu übergeben. Meine Antwort lautete dahin, dass die Vergrößerung der Vogelwarte mit einer so wertvollen Forschungsabteilung und die Oberleitung Kramer als eine gute Lösung erscheinen würde, aber selbstverständlich müsse ich vor einer Zusage einige (genannte) Punkte durchsprechen, die mir für das Schicksal der Vogelwarte wesentlich erscheinen."

Damit war die Ablösung von Schüz eingeleitet, und die erfolgte nicht ohne Turbulenzen. Zunächst waren die Verhandlungen mit Kramer äußerst schwierig, und als Kramer überraschend tödlich verunglückte und die Vogelwarte an Seewiesen „angehängt" wurde, nahmen die Probleme eher zu als ab. Aufgrund des offenkundigen „wissenschaftlichen Dornröschenschlafes" des Instituts machten Überlegungen seiner vollständigen Schließung die Runde, bis dann

Rettung in der Not sogar zu einer Erweiterung und einem (ersten) Neubau führten, der 1964 – im Jahr meiner Promotion – eingeweiht wurde. Im neuen Gebäude nahmen Dr. Hans Löhrl und zwei wissenschaftliche Mitarbeiter ihre Tätigkeit auf.

Von diesen Hintergrundaktivitäten um die Vogelwarte bekam ich damals bis auf den Erweiterungsbau kaum etwas mit – darüber wurde nur im engsten Kreise gesprochen. So war ich natürlich davon überzeugt, Schüz sei nach wie vor der starke Mann der Vogelwarte mit Kuhk als seinem „Landvogt" vor Ort. Deshalb war ich äußerst verwundert, als mir Schüz nach meiner Promotion anbot, als DFG-Stipendiat nicht etwa an der Vogelwarte, sondern am Museum in Stuttgart sowie im Ausland zu arbeiten. Und er bedeutete mir, meine spätere Einfädelung in die Vogelwarte müsse sehr behutsam und am besten wohl in Verbindung mit Konrad Lorenz in Seewiesen erfolgen.

Da begriff ich allmählich, dass Schüz nicht mehr mit starker Hand in der Vogelwarte präsent war, sondern sich eher abschiedswinkend zurückzog und ich mit ihm im Hinblick auf die Vogelwarte in gewisser Weise aufs falsche Pferd gesetzt hatte. Ich beschloss damals: zunächst bei ihm im Museum für Naturkunde in Stuttgart sowie im Ausland zu arbeiten, um mich weiter zu profilieren, und mir dabei in Ruhe zu überlegen, wie ich doch noch einen neuen Weg zur Vogelwarte finden könnte. Das geschah dann 1967 – ganz unerwartet von heute auf morgen – sozusagen in einem Satz. Aber zunächst zurück zu Stuttgart und zur Vogelwarte.

Schüz machte mir nach der Promotion ein ganz neues Arbeitsthema schmackhaft: die bei Bartgeiern, Schwänen u. a. Vögeln vorkommende Rostfärbung, die möglicherweise durch anhaftendes Eisenoxid zustande kommen sollte und völlig kontrovers diskutiert wurde. Ich arbeitete mich wie ein Wilder in dieses interessante Thema ein, ging es von allen möglichen Seiten mit physikalischen und chemischen Methoden an, fertigte in Berlin mit die ersten elektronenmikroskopischen Bilder von Vogelfedern an, experimentierte mit einem lebenden Bartgeier im Vergnügungspark Trips Drill und besuchte Brutplätze dieser Vögel in den Pyrenäen. So konnte ich 1966 auf der DO-G-Tagung in Göttingen über „Haftfarben bei Vögeln als einer neuen Gefiederfarben-Klasse" vortragen, der von den Zuhörern begeistert aufgenommen wurde und meine lange Karriere in der DO-G von der Tätigkeit als Beirat, Generalsekretär, Vizepräsident, Präsident bis zum Ehrenmitglied einleitete.

Der damalige Ornithologenpapst Erwin Stresemann war davon so angetan, dass er zu meinem Schrecken das zunächst nur zur Ansicht zugesandte Rohmanuskript gleich zum Druck weiterleitete und mich als „tüchtigen Nachwuchsmann" sogar für die Schriftführung des „Journal für Ornithologie" ins Auge fasste. So interessant und wirkungsvoll das alles war – es blieb doch weitgehend tote Materie, mich aber zog es vehement zurück zur Arbeit mit lebenden Vögeln. So rang ich Schüz die Zustimmung ab, im Lichthof des Museums Volieren aufbauen zu dürfen zur Haltung von Staren, Buchfinken u. a., die ich bis aus Finnland mitbrachte. Der Volieren wegen mussten alle Museumsfenster zum Lichthof hin mit Milchglasfolien abgeklebt werden, nachdem sich Besucher weit mehr für die lebenden Vögel draußen als für das ausgestopfte Getier in den Vitrinen interessierten.

Mit den Volierenversuchen war ich wieder in meinem Element. Nun konnte ich die jahresperiodischen Studien meiner Doktorarbeit vertiefen und Neuland betreten. Ich setzte Mischpaare von Staren und Einfarbstaren an, um zu prüfen, ob die Zwillingsarten, deren Verbreitungsgebiete in Spanien sich bald überschneiden sollten, erfolgreich miteinander brüten könnten. Mit diesen spannenden Kreuzungsexperimenten war auch der Grundstein gelegt für meine späteren umfangreichen Kreuzungen und Selektionsexperimente mit Grasmücken an der Vogelwarte.

Während ich es nun auch in einem Museum „toter Gebilde“ geschafft hatte, mit lebenden Vögeln zu arbeiten, bemühte sich Schüz – durchaus auch auf Drängen von mir – auszuloten, wie ich doch noch an die Vogelwarte gelangen könnte. Das war nicht einfach, da er zu vielen wie Aschoff, Löhrl, Stresemann keinen guten Draht hatte, und so versuchte er, etwas über Konrad Lorenz zu erreichen. Der war mir zwar sehr gewogen und hatte mich, wie auch Aschoff u. a., nach meinem Kolloquiumsvortrag in Seewiesen 1965 über meine Doktorarbeit in höchsten Tönen gelobt. Aber sosehr Lorenz Schüz auch beipflichtete, dass ich unbedingt an die Vogelwarte gehöre – Greifbares kam nicht in Sicht.

Und ab 1966/1967 hatte Schüz einen ganz anderen Plan: Er wollte über das zuständige Ministerium für mich eine Planstelle am Stuttgarter Museum einrichten und räumte dem gute Chancen ein. Da sah ich meine Felle im Hinblick auf die Vogelwarte endgültig davonschwimmen und befürchtete, dem grausligen Naphthalingeruch aus den Schubladen der Balgsammlungen nie mehr zu entkommen! Das wollte ich auf keinen Fall und entschloss mich: zu einem Bittgang! Dazu mehr, wenn die bis dorthin erfolgte unglaublich verquere Weiterentwicklung der Vogelwarte näher beleuchtet ist.

Wie Fürsten im Schloss

Kramer, Kramers Tod und Seewiesen

Mit dem beschriebenen Brief der MPG an Schüz im „Kaspischen Busch“ 1956 war das Ende der Ära Schüz und das der Rossitten-Zeit in der Vogelwarte Radolfzell eingeleitet. Die drei Jahre währenden Diskussionen zwischen Schüz und Kramer, mit Seewiesen und der MPG allgemein über das Wie und Wo mit der Vogelwarte, festgehalten in Briefen und Aktennotizen, waren schwierig und zum Teil starker Tobak. Kramer, der die Vogelwarte als MP-Direktor leiten und in seine Abteilung einbauen sollte, wollte unter keinen Umständen nach Radolfzell.

Die MPG hielt seine Vorstellungen über die „Künftige Gestaltung der Vogelwarte“ in einem Vermerk vom 13. September 1956 fest: „Als Ort möchte er eine Stelle in Universitätsnähe, aber in oder an einem Naturschutzgebiet ... Diese ... muss nach N, W und O 100 km, nach S 80 km von einer Landesgrenze entfernt sein, da sonst die Taubenflugversuche (Kramers Hauptexperimentierfeld) nicht durchgeführt werden können.“ Und: „Es ist wünschenswert, auch die Vogelwarte von Radolfzell an den neuen Ort zu verlegen.“

Auch das 1954 von Erich von Holst und Konrad Lorenz gegründete MPI für Verhaltensphysiologie in Seewiesen bei Starnberg schied aus – wegen der Alpennähe und da Kramer „aus bestimmten Gründen keinen Wert auf diese Vereinigung mit den anderen beiden Herren gelegt hat“. Das waren Keulenschläge für die Vogelwarte und ihren Schlossherrn Baron von Bodman und ließen Schüz ordentlich Geschütze auffahren.

Kramer wurde schließlich fündig: in einem Waldwiesen-Grundstück am Rande des Schönbuchs bei Tübingen (da, wo Ebo später seine Doktorarbeit mit Kolkraben durchführte). Dort sollte auch noch eine weitere Abteilung für Biorhythmik eingerichtet werden mit Jürgen Aschoff als Direktor. Das nun einsetzende Hickhack zwischen Kramer, Schüz u. a. behandelte alle erdenklichen Optionen von Vogelwarte in Gänze mit nach Tübingen bis zu ganz weg von der MPG und unter die Fittiche des Landes Baden-Württemberg.

Für Letzteres entwickelte Schüz eine „großartige“ Idee: unter Einverleibung der Vogelschutzwarte in Ludwigsburg Schaffung eines ornithologischen Großinstituts. Als der damalige Leiter der Schutzwarte, Dr. Hans Löhrl, davon erfuhr, wurden er und Schüz einander spinnefeind bis ans Ende ihrer Tage, was später pikante Folgen hatte, als Löhrl zur Stärkung und ersten „Rettung“ der Vogelwarte berufen wurde. Weitere Optionen waren: die Vogelwarte aufzuteilen und die Beringungszentrale oder „mit Hinblick auf Frhr. v. Bodman“ zumindest „noch eine Stelle in Schloss Möggingen“ zu belassen. Und Schüz verriet: „Ich werde darum bitten, dass ich (nicht weisungsgebend, nur wissenschaftlich arbeitend) einen Arbeitsplatz an der Vogelwarte behalte.“ Auch einen („passenden“) Namen hatte die MPG für das angedachte Konstrukt schon „vorgemerkt“: Vogelwarte Radolfzell (vormals Vogelwarte Rossitten) am Max-Planck-Institut für Verhaltensphysiologie, Abteilung Kramer, Tübingen.

Kein Mensch weiß, was aus all diesen teils abstrusen Vorstellungen hervorgegangen wäre, wenn – ja, wenn Kramer nicht „am 19. April 1959, erst 49 Jahre alt, nahe Cosenza in Kalabrien bei Arbeiten an Nestern von *Columba livia* (Felsentauben) und damit im Dienst seiner Forschungen tödlich verunglückte" – genau 19 Tage nachdem er am 1. April zum Direktor des neuen Instituts berufen worden war. In einem Krimi müsste man an dieser Stelle sicherlich nachhaken: War es denn ein echter Unglücksfall? Oder hatten etwa urige schwarze Vögel Kramer aus der Felswand geworfen, um so die Vogelwarte am alten Platz im Märchenschloss zu retten?

In dieser Chronik bedarf es eines anderen Rückblicks. Mit Kramer hatte die Vogelwarte eine große Chance verloren, denn er hätte sie sicher schnell wieder auf das alte Rossitten-Niveau an Forschung und internationaler Bedeutung zurückgeführt. Er half bereits ab 1929 als Student in der Vogelwarte Rossitten bei Orientierungsarbeiten mit und entdeckte dann um 1950 – etwa gleichzeitig mit dem späteren Nobelpreisträger Karl von Frisch an Bienen – den Sonnenkompass bei Vögeln. Über die Orientierungsforschung hinaus hatte er mit der Vogelwarte weitere höchst aussichtsreiche Pläne: „Rückkehr" zu einem bereits in Rossitten begonnenen Arbeitsbereich – „nämlich dem der Physiologie jahresrhythmischer Vorgänge, in welches das Problem der Zug-Auslösung eingebettet ist", daher auch die Mitberufung des Biorhythmikers Aschoff. Daneben sollten aber auch „die erblichen Anteile bei der Bestimmung der Gelegegröße bei Vögeln" ermittelt oder Versuche gestartet werden, „Kolkraben im Schönbuch wieder anzusiedeln". Fantastisch! Da hätte ich gern 360 Tage im Jahr 15 Stunden am Tag mitgearbeitet! Aber nun fiel die Vogelwarte mit Kramers Tod erst einmal zurück in ein schwarzes Loch – und es roch sogar bald nach Leichentuch.

Mit Kramers Ableben platzte das ganze Unternehmen Tübingen – Aschoff mochte partout nicht in das „mit Bremsen verseuchte Wiesengelände“ am Schönbuch. Er wollte auch, zunächst, als Mediziner und „Schmalspur-Biologe“ (wie er sich nannte) die Vogelwarte nicht haben und fand für sein Institut einen idealen Platz im Schloss Andechs, nahe dem berühmten Kloster, ganz in der Nähe vom MPIV in Seewiesen, dem seine Abteilung angeschlossen wurde. Nachdem auch Nikolaas Tinbergen eine Übernahme abgelehnt hatte, wurde die nun führungslose Vogelwarte 1959 an das MPIV in Seewiesen mit angehängt. Der Einzige, der dort seinerzeit als „Direktor aus der Ferne“ in Frage kam, war Konrad Lorenz, der zustimmte. Er liebte Vögel, mochte die Vogelwarte, schließlich hatte sein Doktorvater Oskar Heinroth Rossitten schon von Berlin aus dirigiert. Außerdem war er gutmütig, zumindest, wenn es um Viecherl und Leute ging, die Viecherl mochten, und er war sicher auch gutgläubig genug anzunehmen, dass sich die Vogelwarte von Seewiesen aus schon irgendwie würde mitdurchwursteln lassen. So begann für die Vogelwarte eine Periode des an Seewiesen Angehängtseins, die bis 1998 dauerte – bis zur ersten Verselbständigung nach der Rossitten-Ära und an der der Reihe nach vier Seewiesener Direktoren beteiligt waren.

Lorenz konnte sich um die Vogelwarte kaum kümmern – dazu war sie räumlich wie fachlich von seinem vielseitigen Treiben zu weit entfernt. Er hat sicher auch nicht realisiert, in welch bedrohliche Krise das Institut in nächster Zeit geraten sollte. Aber er wusste auf alle Fälle, wo sich die Vogelwarte befand. Ich konnte ihn nämlich 1959 auf einer an die DO-G-Tagung in Stuttgart anschließenden Exkursion nach Radolfzell, zur Vogelwarte und auf die Mettnau begleiten, wo wir im Kurhotel nächtigten. Diese Feststellung über seine Kenntnis ist unerlässlich für den kurzen Disput am Ende folgender netten Geschichte. Um 1960 besuchten zwei Amerikaner Lorenz in Seewiesen und wollten anschließend auch „seine“ neu angegliederte Vogelwarte besuchen. So fragten sie ihn, wie sie dahin kämen, und Lorenz sagte – ihr fahrt einfach nach Lindau am Bodensee, und dort fragt ihr noch mal. Als die beiden gegen Abend Lindau erreichten und endlich jemanden gefunden hatten, dem die Vogelwarte überhaupt ein Begriff war, erfuhren sie: „Oje, da sind Sie hier ganz falsch! Die befindet sich am anderen Ende des Sees, und die können Sie in der Dunkelheit auf gar keinen Fall finden, am besten übernachten Sie hier." Nach erfolgreichem Besuch am nächsten Tag sollen die beiden Lorenz mitgeteilt haben, er täte gut daran, „seine" Vogelwarte einmal aufzusuchen, um zu erfahren, wo sie eigentlich liegt und um nicht weitere potenzielle Besucher bei Lindau in die Irre zu schicken. „Saudummes Geschwätz", soll er sich erbost haben. „Ich weiß, wo die ist!" Und damit muss man ihm Recht geben – den Amerikanern aber wohl auch.

Dornröschenschlaf im Märchenschloss

Die Truppe, die Schüz 1946 zur Fortführung der Vogelwarte Rossitten als Vogelwarte Radolfzell aufstellte, war für ihn günstig, aber für den Erhalt des Instituts auf Dauer wenig tauglich. Rudolf Kuhk, der Örtlicher Leiter wurde, war Schüz gegenüber absolut loyal und obrigkeitshörig und so ein idealer Partner für Schüz, der ja von seinem Stuttgarter Posten aus nur alle paar Wochen vor Ort nach dem Rechten sehen konnte. Von der Ausbildung her mehr Pharmazeut als Biologe, wurde Kuhk nach seiner Promotion über die Vögel Mecklenburgs ein herausragend guter Feldornithologe. Zudem war er ein äußerst korrekter, vielseitig interessierter und überaus belesener Schreibtischgelehrter.

Das qualifizierte ihn sehr für den Wiederaufbau der Beringungszentrale und gute Verbindung zu den (um 1960) über 450 ehrenamtlichen Mitarbeitern des Instituts (Beringern, Storchenobleuten u.a., damals noch ca. 150 in der Ostzone). Auch war er als freundlicher feiner Herr ein guter Repräsentant der Vogelwarte in der Region. Aber Kuhk war kein produktiver Wissenschaftler, der z.B. aus den reichen Früchten der Beringung aufsehenerregende Arbeiten geschrieben hätte. Seine Publikationsliste umfasste zwar 1956 reichlich 80 Arbeiten, aber durchweg feldornithologische und zumeist kurze Mitteilungen. Als Schüz mit dieser Liste bei der MPG anklopfte im Hinblick auf eine etwaige Berufung Kuhks zum Wissenschaftlichen Mitglied, wurde schon im Vorfeld abgewinkt. Kurz gesagt: Kuhk war ein stiller Gelehrter, der in die heilige Ruhe von Schloss Möggingen leider kein wissenschaftliches Leben bringen konnte, das von der MPG in Göttingen, Seewiesen oder anderswo hätte wahrgenommen werden können.

Der zweite Wissenschaftler am Institut, Zink, ein Verwandter von Schüz, war eine Fehlbesetzung. Er baute zwar eine Populationsstudie an Meisen in Nistkästen auf, aber recht dilettantisch. So hatten die Kästen nicht einmal Marderschutz, was zu großen Ausfällen führte, die die Untersuchungen schwer schädigten. Er arbeitete auch in der Beringungszentrale mit, fuhr kreuz und quer durchs Land, um beringte Störche zu identifizieren, hatte aber eine für seinen „Job" nahezu unglaublich kontraproduktive Eigenschaft: Er interessierte sich so wenig für Vögel, dass man sich mit ihm kaum über ein ornithologisches Thema unterhalten konnte. Ganz bei der Sache war er hingegen, wenn es um technische Probleme ging wie etwa die Neugestaltung einer Beringungszange, die Verlegung einer Toilette im Schloss oder aber – sein Lieblingsthema – seine Rolle als Offizier im Zweiten Weltkrieg. Dennoch hat er später, gerade noch rechtzeitig, einen Meilenstein für den Erhalt der Vogelwarte gesetzt: die Bearbeitung der europäischen Ringfunde für einen Vogelzugatlas der Singvögel. Das geschah zwar nicht freiwillig, sondern unter der permanenten schulmeisterlichen Knute von Aschoff – aber immerhin. Hatten ihn schon bei der Bearbeitung des Atlas Design, Papier, Cover und auch die mitwirkenden Damen mehr interessiert als die wissenschaftliche Ausbeute, fiel er nach Abschluss des Werkes wieder ganz in seinen alten Trott zurück. Während auf den Tagungen der DO-G Ornithologen interessanten Vorträgen lauschten, versuchte Zink im Foyer aus einem Bauchladen heraus Interessenten Bücher aus einem „nebenher" betriebenen Vogelzug-Verlag zu verkaufen.

Leider schlug auch der Versuch von Schüz fehl, den aus Ungarn stammenden Ornithologen Josef Szijj auf die spannenden Fragen der Ökologie von Wasservögeln im Bodensee anzusetzen. Um sich über das Projekt absolute Klarheit zu verschaffen, ließ Aschoff Szijj 1969 seine einzelnen Projektpläne vor ausgewiesenen Fachleuten vortragen, und danach folgte dann der Wechsel von Szijj an die PH in Essen.

Und auch das kurzzeitige „Rauschen" der wissenschaftlichen Studien an Staren während meiner Doktorarbeit in Möggingen war 1963 wieder abgeklungen – und so hatte man in der Tat vielerorts den Eindruck, die Vogelwarte sei in ihrem Märchenschloss in tiefen Dornröschenschlaf verfallen. Das blieb nicht ohne Folgen. Schon 1959 – bald nach dem Einspringen von Lorenz als neuem Direktor nach Kramers Tod – wurde ernsthaft überlegt, ob man das inzwischen recht bedeutungslose Institut nicht schließen sollte. Diese Diskussionen erfolgten meist vertraulich, so dass davon nur wenige Aktennotizen von einigen „undichten Stellen" vorliegen. Aber die Ergebnisse dieser Erörterungen, die sich bis 1967 hinzogen, wurden natürlich sichtbar und mehrfach zusammengefasst, z. B. von Aschoff am 25. April 1968. Und der ließ mir seine Notizen nach seiner Emeritierung zukommen, so dass ich nachfolgend daraus zitieren kann.

Schließung der Vogelwarte! Da schrillten bei etlichen führenden Ornithologen die Alarmglocken, so auch beim damaligen Ornithologenpapst Erwin Stresemann. Wie wir aus einer köstlichen Aktennotiz von Kuhk an Schüz vom 23. Juli 1959 und einigen mündlich überlieferten Informationen wissen, erfuhr Kuhk von Georg von Bruchhausen, Schatzmeister der DO-G, am 20. Juli aus einem Brief des Ornithologen Fritz Frank an von Bruchhausen vom 18. Juni 1959 Folgendes: Vor kurzem ist Stresemann in Seewiesen aufgetaucht, furchtbar ungehalten über die Gerüchte von einer Schließung der Vogelwarte als altdeutscher Forschungseinrichtung, die in Rossitten Kultcharakter erreicht hatte, und forderte: Nicht Schließung ist angesagt, sondern Erweiterung unter neuer Leitung, damit das Institut 13 Jahre nach seiner Neugründung in Radolfzell endlich in Fahrt kommt!

Und ganz konkret schlug Stresemann vor: Als neuen Örtlichen Leiter sollte man Dr. Hans Löhrl von der Vogelschutzwarte Ludwigsburg berufen, zusammen mit zwei wissenschaftlichen Mitarbeitern, und die neue Arbeitsgruppe mit entsprechendem technischen Personal in einem Neubau nahe bei Schloss Möggingen etablieren. Lorenz und Aschoff gefiel dieser Vorschlag, womit die hauptsächlich aus Seewiesen kommenden negativen Stimmen allmählich leiser wurden. So erreichte der Vorschlag schließlich die MPG – und kam dort durch!

1962 wurde mit einem Institutsneubau auf einem ehemaligen kleinen Haferfeld „Am Obstberg“ unweit von Schloss Möggingen begonnen – und damit war die Rettung der Vogelwarte angelaufen.

Rettung in Sicht: Ausbau

Im Jahr 1962 kam die Rettung der Vogelwarte in Gang, aber niemand hätte damals geglaubt, dass sie erst 1998 besiegelt werden sollte – und, nach nochmaligem „Stolpern“ sozusagen, endgültig sogar erst 2015! Doch der Reihe nach.

Löhrl wurde bereits zum 1. April 1962 ans Institut berufen. Obwohl ich zu dieser Zeit für meine Doktorarbeit an der Vogelwarte praktizierte, habe ich damals davon gar nichts erfahren; es geschah zunächst nur im Hintergrund und wurde im Schloss totgeschwiegen. Dass sich „etwas tat", merkte ich erstmals, als im Sommer 1962 Dr. Gerhard Thielcke mit seiner Frau von der Uni Freiburg auftauchte – der erste von zwei wissenschaftlichen Mitarbeitern von Löhrl, der zum 1. Juli seine Stelle angetreten hatte. Löhrl hatte es vorgezogen, so lange von Ludwigsburg aus zu arbeiten, bis der Erweiterungsbau bezugsfertig wurde – 1964.

Zur Einweihung kam neben Konrad Lorenz und anderen illustren Gästen auch der damalige Präsident der MPG, der Nobelpreisträger Adolf Butenandt, und gab Folgendes zum Besten: „In unserer Verwaltung fiel bei der Aufstellung des Haushaltsplanes die Bemerkung eines unserer Referenten: Die Verhaltensphysiologie, die wir in einem eigenen Institut in Seewiesen bei München fördern und zu der verwaltungsmäßig auch die Vogelwarte Radolfzell gehört, erschiene gegenüber der Physik unserer Tage wie der kleine David gegenüber dem Riesen Goliath. Ich konnte daraufhin die Bemerkung nicht unterdrücken, dass die Geschichte von David und Goliath aber nicht wegen des Riesen, sondern wegen des kleinen David erzählt würde – der war schlau und hat ganz unerwartet Geschichte gemacht."

Das wünschte damals Butenandt dem kleinen David Vogelwarte, die damit auch einen netten Kosenamen in der MPG erhalten hatte. Und siehe da – sein Wunsch sollte schrittweise in Erfüllung gehen, wie im Folgenden gezeigt. Deshalb hat Butenandt die Arbeiten der Vogelwarte bis über seinen 90. Geburtstag hinaus mit größtem Interesse und viel Freude verfolgt. Als er kurz vor seinem Tod Glückwünsche von der Vogelwarte überbracht bekam, meinte er mit leuchtenden Augen: „Ah, Glückwünsche von David, die freuen mich besonders."

Im neuen Institutsgebäude nahm alsbald die neue Arbeitsgruppe Löhrl, Thielcke und ein weiterer Mitarbeiter – Dr. Götz Rheinwald, frisch promovierter Ornithologe aus Stuttgart – Forschungsprogramme in Angriff. Löhrl widmete sich ethologisch-ökologischen Studien hauptsächlich an Meisen, die er in Volieren direkt vor den Arbeitsräumen und in größeren Populationen als Nistkastenbrüter in verschiedenen Regionen Süddeutschlands untersuchte. Thielcke wandte sich der Bioakustik und hier vor allem der Dialektforschung zu, Rheinwald Fragen der Parasitologie sowie der Populationsökologie.

So machte die neue Arbeitsgruppe bald von sich reden – aber nicht nur durch ihre Wissenschaft: Sie hatte zum alten Teil der Vogelwarte in Schloss Möggingen, gerade mal 300 Meter entfernt, praktisch keinerlei Verbindung. Der Hauptgrund dafür war das oben beschriebene Zerwürfnis zwischen Löhrl und Schüz, und hinzu kam manche weitere Animosität. Das führte in der Bevölkerung zu folgender grotesken Annahme: In Möggingen gibt es jetzt zwei ornithologische Institute – zum einen die altbekannte Vogelwarte und nun auch noch ein neues Institut von „Max Planck“. Damit war die zur Rettung der Vogelwarte gedachte Erweiterung zwar etabliert, aber in keiner Weise integriert, und nichts, aber auch gar nichts Gemeinsames war konzipiert. Diese beiden Institutsteile allmählich zusammenzuführen und auch in der Öffentlichkeit als Einheit erscheinen zu lassen, das war dann eine meiner vielen Aufgaben – ab 1967 –, und bis das wirklich vollzogen war, wurde es 1991!

Mit Aschoff auf zu neuen Ufern

1967 wurde regelrecht zum Schicksalsjahr für die Vogelwarte: Es brachte so gravierende Veränderungen und neue Impulse, dass geradezu eine neue Ära für das Institut anbrach – die Ära Aschoff! Und diese neue Periode schloss auch mich mit ein, als neuen „Kronprinzen“ in: Schloss Möggingen! Was war passiert? Wahrlich eine ganze Reihe von wichtigen Dingen.

1967 begann zunächst einmal für Rudolf Kuhk der Ruhestand. In Seewiesen war man sich, im Gegensatz zu Schüz, absolut einig darüber, dass Löhrl Örtlicher Leiter für die gesamte Vogelwarte werden müsse und nicht etwa Zink mit der Beringungszentrale eine Art „Eigenleben“ im Schloss führen könne. Weiterhin war klar geworden, dass der überaus aktive, schon nach kurzer Zeit in der MPG hoch angesehene brillante Wissenschaftler Jürgen Aschoff der Vogelwarte als Direktor weitaus mehr „Motor“ sein könne als Konrad Lorenz. Und da er ja Kramers enger Mitarbeiter als Kodirektor im selben Institut geworden wäre, drängte man ihn mehr und mehr dazu, die Vogelwarte als externer Leiter zu übernehmen.

Dass er sich 1967 dazu bereit erklärte, ist ganz wesentlich das Verdienst von Dr. Klaus Hoffmann. Er, ehemaliger Mitarbeiter von Kramer bei der Erforschung der Orientierung von Tauben, inzwischen wissenschaftlicher Assistent bei Aschoff, wurde nie müde, Aschoff zu insistieren, er müsse unbedingt Kramers Vermächtnis bewahren und die ins Strudeln geratene Vogelwarte über die Runden bringen. Hoffmann schätzte die Arbeit der Vogelwarte sehr und hatte zudem eine interessante Brücke von Andechs nach Möggingen geschlagen: Er betreute ab 1967 die Doktorarbeit (über das Zeitschätzungsvermögen von Ratten) von Freiherr Konrad von und zu Bodman, einem Sohn des Vogelwarte-Schlossherrn Nikolaus von Bodman und unserem späteren Hausherrn. So gelang es in erster Linie Hoffmann, Aschoff für die neue Leitung zu bezirzen. Und in diesem Sinne befürwortend hat sich auch Ebo geäußert. So wurde denn 1967 die Vogelwarte „umgehängt“ – weg von der Abteilung Lorenz des MPIV Seewiesen an die von Jürgen Aschoff. Und dort sollte sie verbleiben bis zur Emeritierung von Aschoff 1979.

Als 1967 der neue Direktor der Vogelwarte, Aschoff, seinen neuen Örtlichen Leiter – Löhrl – in dessen Amt einführen und Kuhk verabschieden wollte, passierte ein doppeltes Unglück. Aschoff geriet kurz vor Radolfzell in einen Verkehrsunfall. Obwohl unschuldig, wurden er und sein Begleiter Hoffmann mehrere Stunden aufgehalten. Da beim vereinbarten Amtsübergabetermin in Möggingen ein Pressevertreter vom „Südkurier" schließlich nicht mehr länger warten konnte, vollzog der anwesende Schüz schon mal einen Teil der vorgesehenen Veranstaltung: die Verabschiedung von Kuhk und die Einführung von Zink als neuem „Leiter der Beringungszentrale" – und zwar im Schloss – ohne Löhrl. Wie immer auch Letzteres der Presse dargestellt wurde, am nächsten Tag war im „Südkurier" zu lesen: Die Vogelwarte (und nicht nur der Teilbereich Beringungszentrale) jetzt unter neuer Leitung – von Zink. Löhrl war stocksauer und forderte von Aschoff eine Gegendarstellung. Das aber erschien dem zu heftig, auch befürchtete er, eine derartige Richtigstellung würde ums Institut zu viel Wirbel machen. Er empfahl vielmehr künftig bei allen erdenklichen Gelegenheiten der Öffentlichkeit klarzumachen, wer Herr im Hause ist und wer Mitarbeiter.

Zum Glück wusste der arme Löhrl damals noch nicht, dass wir an dieser Richtigstellung mehr als zehn Jahre arbeiten mussten. Kein Wunder, dass nach diesem missglückten Start des neuen Örtlichen Leiters auch in dieser neuen Konstellation an die Bildung eines Instituts „aus einem Guss" überhaupt nicht zu denken war.

Wie kam ich zu dieser neu aufgemischten Vogelwartlertruppe? 1965 war ich von Konrad Lorenz eingeladen worden, im Rahmen der berühmt-berüchtigten Seewiesener Kolloquien über meine Doktorarbeit zu berichten. Berühmt: Man sprach dort vor den erlauchten Koryphäen der Ethologie und Physiologie Erich von Holst, Konrad Lorenz, Jürgen Aschoff und deren riesigem Tross von wissenschaftlichen Mitarbeitern. Berüchtigt: Der Vortragende durfte ab der Begrüßung durch Informationsfragen unterbrochen und hinterher in der Diskussion so zerpflückt werden, dass mancher bedauerte, nicht besser Literaturgeschichte oder dergleichen studiert zu haben. So wurde z. B. gleich nach dem „Grüß Gott“ gefragt, was den Redner eigentlich zum Vortragsthema bewogen habe, und andere trauten ihren Ohren nicht, wenn man ihnen nach einer ihrer Meinung vernichtenden „Rupfaktion“ für einen spannenden und „höchst anregenden“ Vortrag dankte.

Ich hatte großes Glück. Mein Vortrag gelang, und über die Jahresperiodik von Staren, das Zusammenwirken von Zug und Reproduktion, externen und endogenen Faktoren usw. wurde lange und intensiv von vielen diskutiert, besonders von Aschoff und Hoffmann. Konrad Lorenz lud mich anschließend in seine Wohnung ein, wo ich mich zunächst vor einem mehrere Kubikmeter großen Seewasseraquarium mit herrlichen Korallenfischen erholen durfte. Nachdem er selbst in das Becken geklettert war, um einiges am Riff zu arrangieren, gab es köstlichen, von seiner Frau zubereiteten Lammbraten mit Rosenkohl. Damit war ich in Seewiesen „angekommen“, und als mir Lorenz beim Essen sagte, ich sei der aussichtsreichste Nachwuchsornithologe im Lande und hätte der Vogelwarte mit dieser modernen, zukunftsweisenden Arbeit über Stare einen großen Dienst erwiesen, war ich glücklich. Hatte ich doch in der Diskussion gespürt, dass vor allem auch Aschoff und Hoffmann an dem Thema Blut geleckt hatten im Hinblick darauf, was man nun eigentlich alles machen müsse, um spannende Fragen zu klären. Ja, man sollte …

Wir erinnern uns: Als Schüz klar wurde, dass seine Kraft nicht mehr reichte, mich in die Vogelwarte einzugliedern, plante er, mich in sein Stuttgarter Museum einzubinden. Die Idee, dort im Naphthalingestank hunderttausender Bälge von toten Tieren allmählich selbst zu mumifizieren, ließ mich alle meine Lebensgeister aktivieren, um der Reihe nach Folgendes zu tun: Ein vorbereitendes Gespräch mit Ebo, ein weiteres mit Schüz, und dann ein angemeldeter Besuch bei Aschoff mit der direkten Anfrage, ob er mir nicht einen Arbeitsplatz in „seiner" Vogelwarte einrichten könne, zumal ich noch eine Zeitlang von einem DFG-Stipendium zehren konnte. Ebo versprach Schützenhilfe, Schüz war knatschig („Ja, Sie müsse wisse, ob Sie so was mache müsse ..."), versprach aber dennoch, unterstützend an Aschoff zu schreiben. In seinem Brief vom 15. Juni 1967 steht zu lesen, es „wäre in höchstem Maße bedauerlich, wenn Berthold der Vogelwarte verloren geht", und typisch Schüz: „Berthold weiß, dass ich Ihnen schreibe, doch ist er über den Inhalt im Einzelnen nicht unterrichtet."

Ende Juni war es so weit – ich fuhr zu Aschoff. Als ich nachmittags wie vereinbart ankam, sagte er mir, er habe wenig Zeit, aber wir könnten abends im „Keller" reden, dort treffe man sich regelmäßig zum gemütlichen Hock. Dort, in einer Art Clubraum seines „Openhouse" im Schloss Andechs, rückten dann Teile seiner Familie, Mitarbeiter, Studenten u. a. an und rauchten, tranken, palaverten – wie in einer Studentenkneipe.

Ebo und ich, wir hatten uns in zwei bequeme Sessel fallen lassen und warteten auf den Hausherrn. Der kam, rauchte sein Pfeifchen an, und zelebrierte dann eine seiner typischen theatralischexaltierten Auftritte, wie ihn Tausende bei allen möglichen Anlässen erlebt hatten. Oder einfacher: Er zog eine irre Show ab. Er setzte sich auf die eine Lehne meines Sessels und legte seine Beine quer über meine hinweg, sodass sie auf der anderen Lehne auflagen. Mit einem Arm stützte er sich neben mir im hinteren Sesselteil ab, so dass er mir aus nächster Nähe ins Gesicht schauen konnte. So begann er, mich nach Gott und der Welt zu befragen, nach meiner Arbeit, was wir mit der derzeitigen Untersuchung der Haftfarben bei Vögeln herausfinden wollten, zu welchem Zweck ich derzeit Stare und Buchfinken in Volieren hielt und vieles mehr. Nebenher paffte er sein Pfeifchen. Da ich mich nicht aufrichten konnte, bat ich ab und zu Ebo, mir mein Glas zu reichen, damit ich einen Schluck trinken konnte. Ich ahnte damals bereits, was das Ganze bedeuten sollte, und nahm es daher recht gelassen. Später, als ich Aschoff besser kennenlernte, wurde mir absolut klar: Der relativ schmächtige, aber in seiner Position überaus mächtige Mann wollte mir in dieser fast grotesken Pose der Dominanz zeigen, wie sehr er Herr im Hause ist. Und insbesondere wollte er mir für die am nächsten Morgen anstehende Mitteilung klarmachen: Bei mir sind alle Untertanen, auch wenn sie von einem Ernst Schüz kommen.

Aschoff verließ mich nach etwa einer halben Stunde, bald auch die Runde und sagte mir, ich solle am nächsten Morgen um acht Uhr in sein Büro kommen. Mit Ebos vielsagenden Worten: „Es sieht gut aus", machte ich mich dorthin auf den Weg. Aschoff arbeitete an seinem Stehpult, schaute mich kurz über den Rand seiner Brille an und sagte: „Also, Berthold, Sie können zum 1. September an der Vogelwarte anfangen. Ich informiere Löhrl. Ihr Arbeitsplatz ist im Schloss, aber Sie sind auch ‚Am Obstberg' präsent. Und transferieren Sie auch gleich Ihre Vögel von Stuttgart, über Forschungsprogramme reden wir später. Zunächst habe ich noch einen wichtigen Termin im Juli für Sie, Ebo wird Sie informieren." Ich war so verdattert, dass ich leicht stotternd fragte: „Und das mit dem Ab-September-Beginnen, das können Sie einfach so sagen?" „Ja natürlich", sagte Aschoff lachend. „Und nun an die Arbeit." Gut 30 Jahre später, 1998, bei meiner Berufung zum Max-Planck-Direktor, wurde mir erst richtig klar, wie leicht es in dieser Position ist, jemanden von heute auf morgen einzustellen, selbst dann, wenn man weder eine Stelle noch ein Stipendium frei hätte.

Meine Stimmung ob des Erlebten lässt sich gut durch den anschließenden Vorfall charakterisieren. Ich muss so beschwingt im Auto nach Stuttgart zurückgefahren sein, dass ich für irdische Dinge wie Bremsen etwas den Bezug verloren hatte. Als ich die Stuttgarter Weinsteige hinunterfuhr und bremsen musste, hielt mein Auto erst an, nachdem es sich einmal um seine Längsachse gedreht hatte …

Das Weitere ist schnell berichtet. Ich suchte in Windeseile in der Nähe der Vogelwarte nach einer Wohnung für meine Frau, unsere inzwischen ein Jahr alte Tochter Birgit und mich und wurde im Nachbardorf Liggeringen fündig. Schon im Juli zogen wir um mit über 100 Vögeln und deren Volieren gleichzeitig. Aber ich war so beflügelt, dass auch das im 24-Stunden-Einsatz leicht vonstattenging. Und dann kam der wichtige Termin, von dem Aschoff gesprochen hatte – ein Hammer!

Aschoff war zu einem internationalen Symposium über Jahresperiodik und Fortpflanzung nach Montpellier eingeladen, wo die Topfachleute der Welt exklusiv zusammenkamen. Selbst verhindert, schlug er vor, Hoffmann, Gwinner und mich schicken zu dürfen, was akzeptiert wurde. So rauschten wir denn das Rhonetal hinunter, zelteten am Mittelmeer, waren tags und die halbe Nacht mit den Halbgöttern unserer künftigen Arbeit wie Donald Farner und James King aus den USA, Ivan Assenmacher und Louis Benoit aus Frankreich usw. zusammen und konnten mit ihnen diskutieren und von ihnen Dinge erfahren, die wir uns in Jahren nicht hätten anlesen können. Das war ein Start!

Ich hatte in Aschoff meinen Traumlehrmeister gefunden und ahnte schon bald, dass es mit ihm gelingen müsse, wissenschaftliche Erfolge zu erringen, die die Vogelwarte bald nicht mehr in Frage stellen konnten. Und auch er hatte offenbar ein gutes Gefühl. Als ihn nach einiger Zeit Professor Karl Müller in Messaure, Schweden, mit dem er viel zu tun hatte, fragte, wie es eigentlich um die Vogelwarte bestellt sei, habe er ihm geantwortet: „Oh, sehr gut, es geht steil aufwärts. Ich habe jetzt dort einen ‚Kronprinzen' etabliert!" Und so wurde es keine Pflicht, sondern das pure Vergnügen, mit Feuereifer Forschungsprogramme zu entwickeln, dass das altehrwürdige Schlossgebälk ächzte (weil nun vom Keller bis zum Dachboden gewerkelt wurde).

Forschungsprogramme: Senkrechtstart mit Ebo

Unglaublich! Nun waren Ebo und ich drei Jahre nach unserer Promotion im selben Institut – er in Andechs, wo er nach der Prüfung eine Assistentenstelle bei Aschoff antreten konnte, und ich in Möggingen! Beide – am Anfang unserer Karriere – verspürten wir Lust auf vielversprechende, „bedeutende" Forschungsprogramme. Zu unserer stürmischen Startergruppe gehörte anfänglich auch noch Helmut Klein, ebenfalls von der Uni Tübingen kommend, der jedoch alsbald vor allem wegen einer schweren Augenverletzung wieder ausschied. Ebo hatte auf Anraten des amerikanischen Biorhythmikers Eric T. Pengelley bei dessen Besuch in Andechs einmal einen Vogel, einen Fitis, längere Zeit in konstanten Bedingungen gehalten und prompt eine „innere Jahresuhr" entdeckt, wie Pengelley zuvor bei Säugetieren. Und ich war Problemen der Interaktion von Zug, Gonadenzyklus und Fortpflanzung auf der Spur.

Bei unserer Teilnahme am Symposium in Montpellier hatten wir die allerneuesten Vorstellungen über die Steuerung der Jahresperiodik, die Rolle der Tageslänge sowie von Hormonen, über die Auslösung einzelner Vorgänge wie des Vogelzugs usw. erfahren und waren überrascht, wie bruchstückhaft das Wissen generell noch war. So fassten wir einen Plan: Wir wollten an einer geeigneten Gruppe von Vogelarten in Langzeitstudien modellartig ihre gesamte Biologie so umfassend wie möglich untersuchen. Schwerpunkte sollten jahresperiodische Vorgänge sein, also Fortpflanzung, Mauser, Zug und Überwinterung, unter Einbeziehung aller relevanten Parameter der

Bereiche Physiologie, Morphologie und Ökologie – auf die Genetik stießen wir erst später.

Nach Durchforsten aller in Frage kommenden Vogelgruppen einigten wir uns schnell auf die ideal erscheinenden Grasmücken: artenreich, weitverbreitet, ökologisch stark differenziert (z. B. von reinen Zug- bis zu Standvögeln), damals fast alle relativ häufig und leicht zu beschaffen, gut zu halten usw. Damit war das „Grasmückenprogramm (GMP)“ unseres Instituts geboren. Es wurde nie offiziell beendet – und daraus sind letztlich alle unsere an Grasmücken erzielten Ergebnisse bis in die letzten Jahre hervorgegangen. Die vielfältigen Studien liefen 1968 in Feld und Labor an. Dazu wurden die rund 300 ehrenamtlichen („Beringungs“-)Mitarbeiter der Vogelwarte auf einer speziellen Tagung eingestimmt und vorbereitet – und seither findet diese Tagung als wesentlicher Dialog zwischen Wissenschaftlern und Amateurmitarbeitern unseres Instituts jedes Jahr statt.

Ebo und ich, wir gingen bei den besten Grasmückenspezialisten, die sich unter den ehrenamtlichen Mitarbeitern befanden, wie z. B. Rolf Senk und Pater Agnellus Schneider, „in die Lehre“, um vor allem zu lernen, wie man Grasmückennester findet. Dann kam 1968 der erste Paukenschlag. Wir zogen für unsere Versuche über 200 (!) Vögel von Hand auf – hauptsächlich Garten- und Mönchsgrasmücken, aber auch Dorngrasmücken, Laubsänger, Stare, Haubenmeisen u. a. Es war eine „Chaos“-Aufzucht, bei der Vogel- und Futterbeschaffung, hauptsächlich Ameisenpuppen, sowie Handaufzucht uns sehr viel Improvisation abverlangten, danach haben wir die jährlichen Aufzuchten in Möggingen perfektioniert. Als uns beim Vögel-Aufpäppeln Erwin Stresemann besuchte, bat er um einen Stuhl: Die Fülle von hungrig piepsenden Nestlingen, die lauthals um Futter bettelten und von Pinzetten aus versorgt wurden, hatte ihn fast „umgehauen“.

Während wir Vögel im Labor aufzogen, sammelten unsere Mitarbeiter im Freiland fleißig Daten zur Rückkehr aus dem Winterquartier, Brutbiologie und Mauser. Um möglichst viel über Weg- und Durchzug, Rastverhalten usw. zu erfahren, errichteten wir auf der Mettnau-Halbinsel am Bodensee eine große Fangstation, die von Juni bis November durchgehend betrieben wurde. Als wir die schockierenden Bestandseinbrüche feststellten, die ab 1969 durch die Sahel-Dürre hervorgerufen wurden, konzipierten wir in Radolfzell umgehend ein Folgeprojekt: „Das Mettnau-Reit-Illmitz-(MRI-)Programm – ein langfristiges Vogelprogramm mit vielfältiger Fragestellung.“ Es war auf drei Stationen – Mettnau, Bodensee, Reit bei Hamburg, und Illmitz, Neusiedler See – für zehn Jahre angesetzt und umfasste fünf große Forschungsbereiche: Demografie – eine Volkszählung an rund 40 Singvogelarten sowie Altersaufbau, Bruterfolg usw.; Zugforschung – vor allem Zugzeiten, Zugmuster, Verweildauer, Fettdeposition u. a.; Biorhythmik – in erster Linie tageszeitliche Aktivitätsmuster von Rastvögeln; Ökosystemforschung – vor allem Habitatwahl, Ressourcennutzung, Nahrungspräferenzen, Konkurrenzvermeidung usw. – sowie Methodenforschung zur Überprüfung und Verbesserung von Standardverfahren.

Unser Neustart war ein Senkrechtstart. Mehr ging beim besten Willen nicht. Meine Lebensmaxime war damals: Was nicht sein darf und nicht sein kann, zum Teufel, das erzwinge man – damit ließ sich fast alles meistern. Und als bald aus verschiedenen Studien interessante Dinge sichtbar wurden und erste Erfolge purzelten, machte die Arbeit, oft fast rund um die Uhr, auch noch Riesenspaß. Das Motto an unserer Mettnau-Fangstation: „Life is great – Research is top“, kam nicht von ungefähr – es drückte unser damaliges Lebensgefühl aus.

Bald ging's überall rund. Das Schlossgebälk ächzte in der Tat: Ich hatte dem Baron neben unseren Mieträumen im zweiten Stock den halben Keller und das halbe Dachgeschoss „abgeluchst“ – und überall entstanden Vogelräume, in denen wir Hunderte von Grasmücken, Meisen, Finken usw. halten, beobachten, messen und ihre Aktivitäten registrieren konnten. Die alten Volieren im Außenbereich wurden überholt, neue kamen hinzu – „Blackcap City" (die Mönchsgrasmücken-Siedlung) nahm Formen an.

Aschoff strahlte, ja prahlte schon bald mit „seiner" Vogelwarte bis hin zum Physiologenkongress in Paris, und das lockte auch andere an. So verriet mir eines Tages Löhrl, als wir vom Fenster unserer Schlossbibliothek nach Vögeln schauten: „Wisse Sie eigentlich, dass i heut mit Ihne zamme s'erscht mol do im Schloss bi?" Ich wusste es wohl. Von da aus war es dann ein kleiner Schritt zu einem Vorschlag, den ich ihm zusammen mit Thielcke machte: Dass wir uns von nun an einmal pro Woche zu einer Arbeitsbesprechung treffen sollten – alle fünf Wissenschaftler und auch technische Mitarbeiter, und natürlich abwechselnd im Schloss und „Am Obstberg". Das kam dann in Gang, hat die Institutsteile mehr und mehr zusammengeführt und wurde später – von mir auf alle Institutsmitarbeiter ausgedehnt – zum Hauptbindeglied im Hause.

Aschoff kam mit seinen wissenschaftlichen Mitarbeitern gern nach Möggingen. Er genoss den Auftritt im herrschaftlichen Schloss, den Umgang mit von Bodmans und fand mehr und mehr Gefallen an der Vogelwarte. Böse Zungen behaupteten: Er sei hier lieber als in Andechs, und wenn man von ihm dringend etwas wolle, müsse man ihn nach Möggingen begleiten – dort sei er immer guter Laune. Mich behandelte er stets nach dem Zuckerbrot- und Peitsche Prinzip: Er kam nie, ohne mich für irgendetwas möglichst aufsehenerregend zu kritisieren – damit ich ihm ja nicht überheblich oder gar aufmüpfig würde –, und beschwichtigte oder lobte danach sogar in Maßen, wenn ich mich zerknirscht zeigte.

Gnadenlos sezierend waren die von ihm bei uns regelmäßig veranstalteten Kolloquien. Da konnte er die einzelnen Wissenschaftler piesacken bis aufs Blut – aber sehr zum Vorteil unserer Arbeit. Danach wusste jeder, was an einem geplanten Projekt überhaupt (noch) sinnvoll war und was besser unterbliebe. Das galt insbesondere für Zink und den Atlas des Vogelzugs. Wie Aschoff in seiner berühmten Aktennotiz vom 25. April 1968 festgehalten hat, wurde „vor rund einem Jahr“ mit der MPG „beschlossen, der Vogelwarte Radolfzell (Teil Beringung) eine Gnadenfrist zu geben, in der zu beweisen sein würde, dass diese Einrichtung in der MPG ihren Platz hat“. Der Beweis wäre: „Neuauflage des Vogelzug-Atlas (von 1931) durch Herrn Dr. Zink.“ Und für diesen Atlas hatte Zink nun in Aschoff seinen Lehrmeister gefunden! Aschoff ließ nicht mehr locker, von uns fleißig sekundiert, und beutelte Zink auch, wenn nötig, bis der Atlas ab 1973 erschien, die Vogelwarte damit eine bedrohliche Scharte auswetzen und ihre große Bedeutung als Beringungszentrale wieder erlangen konnte. Später hat an dem Atlas auch mein erster Doktorand Franz Bairlein mitgearbeitet.

Ebo und ich, wir haben uns auf den ersten Lorbeeren unserer Starterprogramme nicht lange ausgeruht, sondern gingen weitere größere Projekte an. So konzipierten wir um eine Doktorarbeit von Herbert Biebach über die Winterphysiologie der Amsel ein „Amselprogramm“. Darin förderten ehrenamtliche Mitarbeiter u. a. hochinteressante Daten über „Stadt-“ und „Waldamseln“ zutage, die zurzeit im Institut weiter untersucht werden. Und ein besonderes Highlight wurde unser „Kreuzschnabelprogramm“, in dem wir erstmals die spannende Jahresperiodik dieser „im Winter brütenden Zigeunervögel“ zusammen mit ehrenamtlichen Spezialisten an Tausenden von Individuen untersuchen konnten – dazu später mehr.

Glücksfall: eine neue Uni in Konstanz

Zu Beginn meiner Karriere in Möggingen wurde eine 1966 in Konstanz neu gegründete Uni aktiv – ein Geschenk des Himmels! Da die

MPG großen Wert darauf legte, dass sich ihre Forscher an Unis an der Lehre beteiligten, sich habilitierten und Professuren erlangten – ergab sich für uns an der Vogelwarte damit eine Riesenchance. Weil sich der Lehrkörper in der Biologie mit Zoologen wie Ernst Florey, Hubert Markl, Werner Rathmayer u. a. erst allmählich etablierte, war Hilfe von benachbarten Instituten gefragt. So wurde von uns zunächst Löhrl zu einer Vorlesung verpflichtet, der aber wenig Gefallen daran fand. Ab 1969 sind Thielcke und ich ordentlich eingespannt worden – bis hin zu einer vierstündigen Veranstaltung „Einführung in die Verhaltensphysiologie" für Biologen und Psychologen, angereichert mit Filmen, Praktika und Exkursionen. Das führte dann 1972 zu meiner Habilitation, der 1981 eine Professur im Fachbereich Biologie folgte.

Das Universitätsleben – also das Mitwirken im Lehrkörper, das Zusammensein mit Studenten, die Verbindung von (der bei uns stark überwiegenden) Forschung mit der Lehre –, das brachte meiner Arbeit sehr viel. Insbesondere hat mich der unmittelbare Bezug zur Lehre immer darauf achten lassen, dass unsere Forschung ausgesprochen „erdgebunden" und „gesellschaftsbezogen" blieb und nicht etwa drohte, in Elfenbeintürme „abzuheben".

Der Anfang an der Uni war schwer. Um 1970 durften die Studenten fast alles: in der Vorlesung stricken, reden, rauchen, Kaffee trinken, selbst aus klappernden Tassen, die Türen zum Flur offen lassen, damit Vorbeigehende leicht ersehen konnten, welcher „Prof" gerade „wo was verzapfte". Sie konnten sich auch jederzeit melden und etwa anmerken: „Der soeben vorgebrachte Beweis für … ist ein unzulässiger Zirkelschluss – wir bitten um Nachbesserung." Da konnte dann schon mal eine Viertelstunde wertvoller Vorlesungszeit flöten gehen! Auch das Ausbildungssystem trieb seinerzeit seltsame Blüten. So erhielten die Studenten eine Zeitlang für Exkursionen, z. B. in den Zoo nach Zürich, neben Fahrtkostenerstattung auch Tagegeld, während für mich als apl (außerplanmäßiger, also externer) Exkursionsleiter nichts vorgesehen war – ich durfte aber im Bus sozusagen per Anhalter mitfahren. All dies grotesk Irrationale hat sich allerdings selbst an der „Elite-Universität“ Konstanz bald gebessert und z. T. ins Gegenteil verkehrt – in fast schon verlängerten Gymnasialbetrieb mit schulmäßig braven Studenten. Als dann gar Namenlisten mit Prüfungsnoten ausgehängt wurden, sah ich mich genötigt, die Studenten zu ermuntern, zu rebellieren.

Für mich waren die Vorlesungen, ebenso wie die rund 600 Vorträge, die ich bis heute gehalten habe, immer ein Gradmesser dafür, wie man für Wissenschaft und Forschung begeistern kann. Dabei konnte ich mich über viel positive Resonanz erfreuen, die sich auch darin zeigte, dass viele Studenten von mir geprüft werden wollten in Themen wie „Vogelzug“, „Tierwanderungen“ u. Ä. In einem war die Uni Konstanz allerdings für uns wenig ergiebig: in der Rekrutierung von Studenten für Doktor- und Diplomarbeiten. Da die Biologie in Konstanz stark biochemisch-molekularbiologisch ausgerichtet war, lockte sie nur mäßig Studierende an, die sich für organismische Biologie – also für „ganze“ Tiere und Pflanzen – interessierten. So kamen die insgesamt 63 Doktoranden und Diplomanden, die ich bis zu meiner Emeritierung betreut habe, von 31 verschiedenen deutschen und ausländischen Hochschulen, aber nur 14 von der Uni Konstanz. Auch der Wechsel von einer anderen Uni zum Aufbaustudium nach Konstanz war nicht verlockend. Dafür wurden oft so viele Kurse usw. nachverlangt, dass dafür Zusatzsemester hätten angehängt werden müssen.

Vorlesungen von Privatdozenten oder apl-Professoren wie mir waren für eine Uni äußerst günstig. Als Pflichtprogramm für den Erhalt der Lehrbefugnis gab es weder Vergütung noch einen Zuschuss für die Bereitstellung von Lehrmitteln usw. Als die Uni wieder über Geldsorgen klagte, schlug ich vor, den Lehrbetrieb ganz auf

Privat- und apl-Lehrkräfte umzustellen und die teuren, z. T. nicht sehr lehrfreudigen Festangestellten zu entlassen – das würde die Geldnot beheben. Dieser nicht furchtbar ernst gemeinte Vorschlag hatte überraschenderweise einen positiven Effekt. Verschiedene Gremien wurden der ehrenamtlichen Tätigkeit der apl-Lehrkräfte gewärtig, und ich erhielt daraufhin folgendes Angebot: Einrichtung einer Kostenstelle der Vogelwarte an der Uni. Über sie konnten wir ab 1982 Apparate wie Registriergeräte, Lichtfallen, Minisender usw. bei den Werkstätten in Auftrag geben, sofern ihr Einsatz auch mit der Lehre zu tun hatte. Dabei hatte die Vogelwarte nur für die anfallenden Materialkosten aufzukommen, nicht aber für die Arbeitszeit. Diese Kostenstelle hat der Vogelwarte-Arbeit unschätzbare Dienste geleistet und war ein willkommener Ausgleich für die Arbeit an der Uni zum „Nulltarif"! Über diese Verbindung haben wir in Ingenieur Georg Heine, einem überaus tüchtigen Amateur-Ornithologen, einen idealen Partner in der Elektronikabteilung der Uni gefunden, der unsere Arbeit bis heute fördert.

Und eine weitere fast unglaubliche Beziehung zur Uni hat sich entwickelt: Dr. Konrad Freiherr von und zu Bodman, Sohn unseres Vogelwarte-Barons Nikolaus und unser späterer Schlossherr, wurde 1972 Fachbereichssekretär für die Biologie. Damit hatte ich bis zu seinem Ruhestand 2006 einen idealen Verbindungsmann von meinem Arbeitsplatz im Schloss aus zur Uni, wie man ihn sich besser nicht hätte wünschen können.

Und die Krönung der guten Verbindungen: Neben Werner Rathmayer, dem ornithologisch am stärksten interessierten Zoologen der Uni, hatte ich von Anfang an ein besonders gutes Verhältnis zu Hubert Markl. Markl war nicht nur eine Zeitlang mit Begeisterung im Fachbeirat der Vogelwarte tätig, sondern wurde 1995 Präsident der MPG. In seiner Ära standen die Geschicke der Vogelwarte unter einem sehr guten Stern, wie später gezeigt werden wird.

Abschließend ist zu sagen: Die Beziehungen zwischen der Vogelwarte und der Uni Konstanz waren von Anfang an gut und wurden über die Jahre fortlaufend enger und besser. Gegen Ende meiner Dienstzeit hatte die Vogelwarte in Kooperation mit Axel Meyer in der Uni sogar eine eigenständige auf molekularbiologisch-genetische Arbeiten ausgerichtete Arbeitsgruppe. Wir haben auch immer gern besondere Veranstaltungen unserer Institutsgeschichte in der Uni zelebriert, v. a. auch das große wissenschaftliche Festkolloquium anlässlich des 100-jährigen Bestehens der Vogelwarte Rossitten/Radolfzell 2001. So war es schließlich für den Vizepräsidenten der MPG, Herbert Jäckle, folgerichtig, nach meiner Emeritierung bei der schwierigen Etablierung eines geeigneten Nachfolgers die Uni Konstanz noch weit mehr als bisher mit ins Boot zu bitten. Das Ergebnis: eine inzwischen enge Verzahnung von der Uni und dem MPI für Ornithologie, wohl zum großen Nutzen beider.

1973: Drohender Rausschmiss

Die 1970er Jahre waren eine erste Schreckenszeit für Vögel und Vogelfreunde. Bestandsrückgänge vieler Vogelarten machten sich bemerkbar – weltweit und bis vor der Haustür. Umweltgifte wie Quecksilber und DDT wüteten und brachten etwa in den USA den

Wappenvogel, den Weißkopfseeadler und bei uns Wanderfalke, Sperber u.a. an den Rand des Verschwindens. Und das Schlimmste: Die meisten Ornithologen und selbst viele „Vogelschützer" erwiesen sich als Ignoranten oder zumindest Verharmloser, die der Meinung waren, dabei handle es sich lediglich um vorübergehende Abwärtstrends natürlicher Bestandsschwankungen, die sich wohl bald wieder umkehren würden. Diese Einstellung war leider auch typisch für fast alle Wissenschaftler der Vogelwarte und im ganzen MPIV, mit wenigen rühmlichen Ausnahmen wie Konrad Lorenz und Gerhard Thielcke. Mich machte diese Nonchalance, gerade auch von Aschoff, Löhrl und Ebo, fuchsteufelswild, war ich doch seit meiner Schulzeit für Vogelschutzprobleme sensibilisiert worden und hatte einen Großteil meiner Aktivitäten auf Schutzprobleme ausgerichtet. Und nun waren wir in der Vogelwarte in Schlüsselpositionen tätig und sollten einfach zusehen, wie Vogelbestände vor unseren Augen vor die Hunde gingen?!

Da kam mir eine Anfrage der Presseabteilung der MPG wie gerufen: einen Bericht zu schreiben für die „Mitteilungen aus der Max-Planck-Gesellschaft“, herausgegeben vom Präsidialbüro der MPG, über unsere neuesten Vogelforschungen in Radolfzell. Man hatte dabei sicher an etwas Interessantes, ansprechend Schönes aus der hehren Grundlagenforschung gedacht und natürlich an etwas völlig Unverfängliches. Ich aber nutzte diese einmalige Chance und verfasste einen Artikel über „Fortschreitende Rückgangserscheinungen bei Vögeln: Vorboten des ‚Stummen Frühlings‘“. Darin konnte ich auf 16 Seiten eine Übersicht geben über Bestandsrückgänge bei Vögeln in aller Welt, über den eklatanten Mangel an Ursachenforschung und erst recht an Gegenmaßnahmen, über das bisherige Versagen von Wissenschaft und Politik und über die Bedeutung der Arbeit unseres Instituts für die Zukunft. Und schließlich habe ich auch noch einen Hilferuf lanciert nach einem Rückstandsanalyselabor für chemische Schadstoffe, das es

damals in Deutschland in wünschenswerter Form nicht gab, mit der Anmerkung: „Hier sollte die MPG umgehend Abhilfe schaffen."

Dieser Artikel hat 1973 eingeschlagen wie eine Bombe. An dieser Stelle muss ich – wieder einmal – den damals mutigen Presseleuten um Walter Frese aufs Herzlichste dafür danken, dass der Artikel mehr oder weniger „vorbei" an den obersten Organen der MPG überhaupt gedruckt wurde. Dennoch war ich nicht wenig überrascht, als ich nach Erscheinen des Berichts feststellte, dass kritische Passagen über Abgeordnete und Vertreter der Pflanzenschutzmittelindustrie fehlten. Sie seien beim Druck versehentlich „verloren gegangen", hieß es von Seiten der MPG. Ich habe sie in die vielen Sonderdrucke, die ich verschickte, auf einem hektografierten Blatt eingeklebt mit dem Vorspann: „Die hier folgenden Abschnitte sind auf S. 28 nach b) als Ergänzung einzufügen; sie wurden in den ‚Mitteilungen aus der Max-Planck-Gesellschaft' nicht gedruckt."

Der Artikel hatte viele Folgen. Durch ihn kam ich schlagartig mit den Medien in Verbindung, woraus eine ständig wachsende Zusammenarbeit entstand, bis zum heutigen Tag. Die chemische Industrie, vor allem die Hersteller von Bioziden, waren geschockt. Vertreter von BASF, Bayer Leverkusen und Celamerck veranstalteten zunächst ein Krisenstabstreffen bei Hoffmann-La Roche und rückten dann bei mir in Möggingen an. Dort wollten sie vor allem herausfinden, wie ernst es mir mit der Einrichtung eines Rückstandsanalyselabors in der Vogelwarte sei, wie „gefährlich" ich ihnen in Zukunft werden könnte und wie weit überhaupt zu befürchten wäre, dass die MPG aus ihrer bisherigen Elfenbeinturmforschung ausbrechen und öffentlichkeitswirksame Umweltaktivitäten beginnen könnte.

Parallel zu meinem Artikel hatte ich im Rahmen der Seewiesener Kolloquien ein Referat angemeldet, das ich Anfang März 1973 halten konnte. Von den Direktoren waren Lorenz, Dietrich Schneider und Horst Mittelstaedt anwesend, leider nicht Aschoff, der verreist war. Wie zu erwarten, wurde nach meinem „zündenden" Vortrag vehement diskutiert, vor allem auch von Lorenz, der einerseits begeistert und andererseits wütend war auf die immer mehr ihre Umwelt zerstörende Menschheit. Hatte er doch gerade 1973 sein berühmtes Buch über die „Acht Todsünden der zivilisierten Menschheit" verfasst.

Danach kam es knüppeldick. Aschoff rief an und fragte entgeistert, was um Himmels willen ich in Seewiesen verbrochen hätte! Schneider und Mittelstaedt hätten sich beschwert, „dass Sie einen Kolloquiumsvortrag gehalten haben, der bei einigen als, zumindest in Teilen, demagogisch empfunden wurde". In einem Brief von Schneider vom 27. März war von Demagogie keine Rede, wohl aber, dass er „aus einer Reihe von Gründen sehr unzufrieden sei", insbesondere mit „Forderungen für ein Sofortprogramm", und: „Wirklich verwundert hat mich Ihr Vorschlag, einen Chemiker zur Rückstandsprüfung einzusetzen." Da hatte wohl der mit der chemischen

Industrie in der Insektenphysiologie zusammenarbeitende Schneider Muffensausen bekommen. Er war in seinen Ansichten nicht zimperlich und offenbarte dem Lorenz-Mitarbeiter Jürgen Nicolai: „Man müsse eben notfalls auf Wanderfalken verzichten, wenn sie an DDT sterben." Amüsanterweise hatte mir Schneiders enger, aber kritischer Mitarbeiter Karl-Ernst Kaissling am 23. März geschrieben: „Ihre Idee eines Chemikers plus TA und Apparatur finde ich vernünftig."

Ich habe nie erfahren, was alles über den „Fall Berthold 1973" in Seewiesen, der MPG und im Senat mit all den dort tätigen Industrievertretern usw. verhandelt worden ist. In Seewiesen schwelte die Diskussion weiter bis in den Juli, und dem Vernehmen nach hat vor allem Schneider hart an meinem Stuhl gesägt – er fürchtete um das loyale Verhältnis des MPIV zur Industrie, an dem ihm offenbar sehr gelegen war. Das brachte Aschoff in arge Bedrängnis, der ja meinen „demagogischen" Vortrag nur vom Hörensagen kannte. Retter in der Not war Konrad Lorenz. Er schrieb mir schon am 24. März zustimmend: „Lieber Herr Berthold, eben fliegt mir ein Machwerk (Beilage in der ‚Süddeutschen') auf den Tisch, das angetan ist, jedem Verständigen zu beweisen, wie recht Sie mit Ihren Anklagen gegen die Industrie haben. Etwas so Verlogenes habe ich kaum gelesen. Grün voller Hoffnung, aber mit dem Symbol des in eine Glasflasche eingeschlossenen Erdballes."

Und als dann bei einem der Direktoriumsgespräche wiederholt vorgeschlagen wurde, meine weitere Mitarbeit im Institut ernsthaft zu überdenken, beendete Lorenz – so erfuhr ich später – die Diskussion mit einem Faustschlag auf den Tisch und den zwei Worten: „Der bleibt!" Und Löhrl sagte er auf einer anschließenden Tagung in Konstanz, er habe Schneider wegen seiner Haltung mir gegenüber die Freundschaft aufgekündigt.

Aschoff hat mir meinen Husarenritt in Sachen Vogelschutz nie wirklich übel genommen, vielleicht hat er meinen Einsatz sogar bewundert. Wie auch immer, wir waren beide heilfroh, als die Sache ein glimpfliches Ende fand und wir uns wieder ganz der „Grundlagenforschung“ widmen konnten. Ich habe aus dem 1973 Erlebten viel gelernt, vor allem: Wenn man in die Schlacht zieht, dann zuallererst auszuloten, wo die wirklichen Feinde stecken. Übrigens: Jahre später, als es Seewiesen so langsam „an den Kragen ging“, hat mir der „gute“ Schneider nach einem Vortrag über die Genetik des Vogelzugs bei einer Fachbeiratssitzung auf die Schulter geklopft und mir „Sehr gut“ zugeraunt. Ich schreibe hier nicht nieder, was ich mir dabei gedacht habe.

Höhenflug und Absturz

Der Weg in die Spitzenforschung

Ebo und ich, wir konnten es zunächst gar nicht glauben: Bereits in den 1970er Jahren begannen wir, richtig Karriere zu machen. Dazu verhalf uns Verschiedenes. Schüz lud uns ein, für die Neuauflage seines „Grundriß der Vogelzugskunde" 1971 eigenständig die Kapitel über „Orientierung" beziehungsweise „Physiologie des Vogelzugs" zu schreiben. Da wir das offenbar ordentlich bewerkstelligt hatten, ermunterte uns einer der damals führenden Biologen, Donald Farner, für Band 5 des seinerzeit Topstandardwerkes unserer Fachrichtung – „Avian Biology" – die Kapitel „Circadian and Circannual Rhythms in Birds" beziehungsweise „Migration: Control and Metabolic Physiology" zu verfassen. Damit waren wir mit Erscheinen des Bandes 1975 in Fachkreisen in aller Munde. Zudem hatten wir zu dieser Zeit bereits zig Originalarbeiten über Jahres- und Tagesperiodik, über den Vogelzug und seine Steuerung, über Kalendereffekte, Populationsdynamik u. a. m. veröffentlicht, so dass wir nun zu allen wesentlichen einschlägigen Symposien und Workshops eingeladen wurden. Mein Start damit begann im „Westen" in den USA 1974 bei einem Symposium über „Circannual Clocks" und im „Osten" 1976 in Tallinn, damals Estnische SSR, bei einem Vogelzug-Symposium.

Leider hat die Zusammenarbeit mit Ebo 1969 einen Dämpfer erfahren. Ich hatte ihn gefragt, ob er nicht Lust hätte, nach Möggingen zu kommen, damit wir im selben Haus ohne die oft lästige Distanz von rund 250 Kilometern hätten eng zusammen arbeiten können. Aschoff hätte dem wohl zugestimmt. Aber Ebo wollte aus zwei Gründen nicht. Erstens sagte er mir, wenn er später einmal – z. B. nach Ausscheiden von Löhrl – als Örtlicher Leiter nach Möggingen berufen würde, dann käme er gern, nicht aber jetzt als Mitarbeiter. Da war mir klar, dass es darüber mit Aschoff Gespräche gegeben hatte. Und zweitens überraschte mich Ebo mit der Mitteilung, dass er schon 1969 für zwei Jahre nach Amerika gehen wolle, um sich dort in den Instituten von Donald Farner in Seattle und von Colin Pittendrigh in Stanford weiterzubilden. Das bedeutete: Von nun an musste ich das Grasmückenprogramm und weitere laufende Projekte wie MRI- und Kreuzschnabelprogramm mit meinen Mitarbeitern in Möggingen allein schultern. Mich hat das nicht geschreckt, aber dazu veranlasst: ganz intensiv darüber nachzudenken, auf was wir uns am besten konzentrieren, welche Programmbereiche die spektakulärsten Ergebnisse versprechen und wo sich Chancen bieten könnten, im Laufe der Zeit in die ornithologische Spitzenforschung zu gelangen.

Ich hatte bald Pläne. Unsere bisherigen Ergebnisse, nach denen ein „innerer Jahreskalender", also eine biologische Uhr im Jahrestakt, alle wesentlichen jahresperiodischen Vorgänge vom Innern des Organismus heraus steuert – von der Jugendentwicklung im Ei bis zum Ableben –, legte nahe: An all diesen Vorgängen schienen genetische Faktoren, ererbte Programme, wesentlich beteiligt zu sein. Diese Erkenntnis schrie geradezu danach, etwas in Angriff zu nehmen, was mir bisher eher ein Gräuel war: genetische Untersuchungen, also vor allem Kreuzungs- und Selektionsexperimente in Bezug auf Parameter wie Zugverhalten, Zugrichtungen u. Ä., mit freilebenden Vögeln, die ziehen, und nicht mit irgendwelchen domestizierten Formen.

Das war eine irrsinnige Herausforderung. Aber dafür hatte ich bald einen höchst interessanten Kandidaten im Auge, der sich von seiner Phänomenologie her hervorragend zu eignen schien: die Mönchsgrasmücke. Sie weist in ihren verschiedenen Populationen von den Azoren und Kapverden im Atlantik über Eurasien bis nach Sibirien praktisch all die Lebensformen auf, die wir von Vögeln des eurasisch-afrikanischen Lebensraums kennen: Standvögel (auf den atlantischen Inseln), Teilzieher (im Mittelmeerraum), ausschließlich ziehende Populationen (in Eurasien) mit Langstreckenziehern (von Sibirien bis Südafrika) sowie in verschiedene Richtungen ziehende Populationen. Damit erschien die Art ideal für Kreuzungsversuche, weil man bei Anpaarungen von Vögeln von Populationen z. B. mit unterschiedlichem Zugverhalten innerhalb von einer Vogelart bleiben würde, während Hybridisierung über Artgrenzen hinweg bekanntlich oft unter mangelndem Bruterfolg leidet. Außerdem sind Mönchsgrasmücken fast überall, wo sie vorkommen, relativ häufig, ihre Nester sind für Fachleute gut zu finden, und schließlich lassen sie sich auch gut von Hand aufziehen und jahrelang bis zu ihrem Alterstod halten, wie wir inzwischen gelernt hatten.

Blieb die bange Frage: Würden sie sich auch in größerem Umfang züchten lassen, so dass für genetische Studien genügend Daten zusammenkämen? Von vielen „Schwarzblattl"-Liebhabern – Freunden der Mönchsgrasmücke, die sie vor allem ihres herrlichen Gesangs wegen halten – wissen wir, dass die Vögel immer wieder erfolgreich in Volieren gebrütet haben. Aber das waren meist Einzelfälle, begleitet von vielen Fehlschlägen, und es gab kein „Rezept" für erfolgreiches Brüten der Art. Zum Glück hatte ich schon 1970 „spaßeshalber" ein Mönchsgrasmückenpaar in eine meiner früheren Starenvolieren gesetzt, wo es in üppiger Vegetation fast wie im Freien lebte. Und siehe da – es brütete dort erfolgreich und führte eines Tages flügge Junge! Nun begannen wir mit Feuereifer herauszufinden, wie groß Volieren für erfolgreiches Brüten mindestens sein müssen, wie man sie bepflanzt, wann man die Vögel am besten aus ihren Käfigen in die Volieren entlässt, wie man die Anpaarung steuert, was man am besten füttert usw.

Nach sieben Jahren hatten wir ein Patentrezept. Wenn wir nun in „Blackcap-City" – der Mönchsgrasmückenbrutanlage beim Schloss mit ihren zunächst 50 und später 100 Einzelvolieren – Brutpaare ansetzten, brüteten etwa 80 Prozent erfolgreich, und wir konnten davon jährlich 80 bis 110 Jungvögel aufziehen (im Rekordjahr 2001: 173!). Damit wurde die Mönchsgrasmücke zur „weißen Maus" unseres Instituts und zum Pionier für zwei völlig neue Forschungsgebiete: die experimentelle Genetik des Vogelzugs und die experimentelle Mikroevolutionsforschung.

Bis zu meiner Emeritierung konnten wir insgesamt rund 3000 Mönchsgrasmücken aller wesentlichen Populationen von den Kapverden bis Finnland und der russischen Taiga von Hand aufziehen und eingehend untersuchen und über 2000 Individuen in Kreuzungs- und Selektionsexperimenten züchten. Damit hatten wir ein Instrument der Spitzenforschung in Händen, das leider einen Nachteil hatte: Es war durch den gleichzeitig erforderlichen Volierenbetrieb, die Nestersuche im Freiland und die Handaufzucht der Scharen von Vögeln so arbeitsaufwändig, dass bisher kein weiteres Institut sich irgendwo auf der Welt wieder an ein solches „Abenteuer" gewagt hätte. Für uns hatte dieses absolut konkurrenzlose Alleinstellungsprojekt natürlich riesige Vorteile – nun konnten wir „ernten".

Unser erstes „großes" Ergebnis boten wir 1981 „Science" an – und die Arbeit wurde nach kleinen Änderungen sofort gedruckt. Die Mitteilung zeigte, dass die Zugaktivität ein populationsspezifisches Merkmal ist, das vererbt wird. Nach diesem Einstieg konnten wir alle Kernfragen der Vogelzugforschung auf genetische Grundlagen testen und beantworten, also: Was Vögel überhaupt veranlasst zu ziehen – ein angeborener vererbbarer Zugtrieb; was Teilzieher dazu bringt, teilweise zu ziehen und zum Teil im Brutgebiet zu überwintern – unterschiedliche genetische Disposition; was Vögel zu unterschiedlichen Zeiten und in verschiedene Richtungen wandern lässt – unterschiedliche angeborene Zeit- und Richtungsprogramme; wie sie den Zug sinnvoll in den Jahresablauf einbauen und sich auf ihn vorbereiten – durch spezielle detaillierte ererbte Jahresprogramme; wie sie auf dem Zug geeignete Rastbiotope ausfindig machen – durch programmierte Gestaltwahrnehmung.

1996 schrieb der amerikanische Vogelforscher Sid Gauthreaux in einer Übersicht über „Historische Perspektiven der Vogelzugforschung" im „Condor" über unsere Studien: „Perhaps the greatest accomplishment in bird migration research in the last five decades are those related to the genetic factors involved in the immediate control of bird migration. In the last 15 years the development of methods to breed large numbers of migratory songbirds in captivity has led to a surge in research papers that demonstrate the importance of genetic factors in the control of migratory behavior (Berthold 1990 etc.)."

Das war fantastisch – aber es sollte noch spannender werden und noch weiter „bergauf" gehen. Mit den Ergebnissen über angeborene Zugrichtungen und Zugzeitprogramme konnten wir nun auch eine der aufregendsten Fragen der Vogelzugmysterien plausibel beantworten: Wie nämlich viele Zugvögel, die lange vor ihren Eltern allein losziehen, oder gar ganz auf sich allein gestellte junge Kuckucke ihre oft Tausende von Kilometer entfernten und ihnen unbekannten Winterquartiere überhaupt finden können. Die Erklärung dafür bekamen wir, als wir unter Infrarotlicht beobachteten, dass die angeborene Menge Zugaktivität gekäfigter Vögel praktisch ein „Ziehen im Sitzen“ darstellt. Multipliziert man die Stunden dieser Zugunruhe mit der auf Wanderungen üblichen Fluggeschwindigkeit, würden die Vögel damit in Verbindung mit ihrer angeborenen Zugrichtung „automatisch“ genau in ihr typisches Winterquartier gelangen, das sie nie zuvor gesehen haben. Da sie dabei wie auf einem angeborenen Vektor aus einem Zeit- und einem Richtungsprogramm geleitet werden, heißt dieser Verhaltenskomplex, der schon früher postuliert worden war, nun konkret „Vektornavigation.“ Sie wurde inzwischen vielfach überprüft und gilt heute als gesichert.

Natürlich könnte man über all diese neuen Erkenntnisse ein eigenes Buch schreiben, und das habe ich auch mehrfach getan. Bevor wir uns weiter dem Schicksal der Vogelwarte zuwenden, im Folgenden noch eine kurze Zusammenfassung weiterer aufregender Forschungsergebnisse.

Spannende Forschungsergebnisse

Unsere Genetikstudien konnten wir bald auf andere Arten ausdehnen wie Garten- und Hausrotschwanz, so dass sich nun auch Steuerungsvorgänge über die Artgrenzen hinweg untersuchen ließen. Auch für uns verblüffend: Zugaktivität nachts ziehender Karmingimpel lässt sich sogar in Hybriden mit domestizierten Kanarienvögeln einkreuzen! Die aufsehenerregendsten Ergebnisse brachten jedoch Selektionsversuche mit teilziehenden Mönchsgrasmücken.

Als wir Brutpaare aus Ziehern sowie Nichtziehern ansetzten, um zu prüfen, ob ihr Verhalten eher genetisch oder umweltgesteuert ist, stellten wir fest: Die genetische Komponente ist so stark, dass wir

Teilzieher in wenigen Generationen zu reinen Zug- oder Standvögeln selektieren konnten. Dafür hatte man zuvor Jahrhunderte oder gar Jahrtausende angenommen!

Inzwischen wurde derart schnelle Mikroevolution auch bei anderen Tieren nachgewiesen, etwa bei Veränderungen der Schnabeldicke bei Galapagosfinken in Abhängigkeit von der Härte verfügbarer Samen, und gilt inzwischen durchaus als „normal". Die Teilzugstudien hatten es in sich – sie führten uns zu einer völlig neuen und verblüffend einfachen Vogelzugtheorie. Nach ihr haben Vögel nicht irgendwo irgendwann das Ziehen zufällig „erfunden", sondern bereits von ihren Vorfahren Gene sowohl für Ziehen als auch für Nichtziehen geerbt. Teilzugverhalten ist nämlich uralt und kommt häufig in sämtlichen Tierklassen vor, gehört also zur Grundausstattung vieler Lebewesen. Die heute lebenden rund 10 000 Vogelarten sind wahrscheinlich alle genotypisch Teilzieher, die meisten ohnehin phänotypisch, und überwiegen die Gene der einen oder anderen Verhaltensweise bei einer Art oder Population stark, erscheinen sie uns als „reine" Zug- oder Standvögel. Bei hohem Selektionsdruck (z. B. einer nahenden Eiszeit) können die „schlummernden" Gene der ruhenden Verhaltensweise durch Selektion rasch wieder vermehrt werden.

Wir konnten zeigen, dass die vollständige Umwandlung von einer Zug- in eine Standvogelpopulation oder umgekehrt in nur etwa 50 Jahren möglich ist. Auch konnten wir aus einer ausschließlich ziehenden Mönchsgrasmückenpopulation lediglich durch Selektion auf niedrigere Zugaktivitätsmengen (was zunehmend kürzeren Zugstrecken entspricht) Standvögel züchten. Damit konnten wir auch ab 1991 als Erste zeigen, wie schnell und vielseitig Vögel auf die rezente Klimaerwärmung reagieren (worüber inzwischen zwei Bücher von uns informieren). Und dann bescherten uns die Mönchsgrasmücken noch einen Glücksfall. Seit den 1960er Jahren ziehen mehr und mehr Vögel aus Mitteleuropa in ein völlig neues Winterquartier auf die Britischen Inseln. Wir konnten zeigen, dass dieses neuartige Verhalten einschließlich einer neuen Zugrichtung – nach NW – durch rasche Mikroevolution entstanden ist und durch Vererbung rasch zunimmt.

Weitere faszinierende Forschung eröffnete uns eine Methode, die wir zusammen mit Eugeniusz Nowak aus Bonn ab 1990 als Erste bei Vögeln in Europa anwenden konnten: die Satelliten-Telemetrie. Bis zu meiner Emeritierung 2004 verfolgten wir damit 17 Vogelarten Sibiriens, Südamerikas und Südafrikas auf ihren z. T. kontinentweiten Wanderungen oder auch Auerhühner bei ihrem heimlichen Leben in tiefsten Wäldern bisweilen fast „auf Schritt und Tritt". Diese Methode eröffnete eine neue Dimension für das Studium von Ortsveränderungen von Tieren. Die meisten Daten lieferten 120 telemetrierte Weißstörche. Dabei konnten wir Nestlinge bis zum ersten Brüten verfolgen und die weltberühmt gewordene Weißstörchin „Prinzesschen" während neun Wanderperioden zwischen Europa und Afrika! Sie kam auch entsprechend zu Ehren: Sie ziert eine Briefmarke der Serie „Bedrohte Tierarten", Michael Kaatz, Storchenhof Loburg – unser wichtigster externer Mitarbeiter im Storchenprojekt –, hat ihr ein Buch gewidmet, und nach ihrem Tod bekam sie in Afrika einen Gedenkstein.

Das letzte Forschungsprogramm starteten wir 1998: schutzrelevante Studien an einem meiner Lieblingsvögel, dem Auerhuhn. Als uns der Generalsekretär des Wissenschaftsrates, Winfried Benz, zu Mitteln der Otto Wolff Stiftung verhalf, konnten wir mit Hilfe des Auerhuhnspezialisten Klaus Roth, einem Freund seit Studienzeiten, eine größere Arbeitsgruppe bilden und die herrlichen Vögel sowohl im Schwarzwald als auch in Volieren in vielerlei Hinsicht untersuchen und auch züchten. Auch hier gelangten wir mit einer Reihe von hervorragenden Mitarbeitern wie Manfred Lieser, Karl-Eugen Schroth und Gernot Segelbacher rasch an die Front der Forschung und konnten z. B. zeigen, dass eine seit längerem angenommene Kommunikation dieser Vögel auf der Basis von Infraschall nicht existiert.

Die wenig erfreulichen Ergebnisse der immer stärker um sich greifenden Bestandsrückgänge bei zunehmend mehr Vogelarten werden später behandelt. Die für Mitteleuropa verfügbaren Daten wurden 1996 zusammen mit Günther Bauer in einem über 700 Seiten dicken Buch zusammengefasst – lange Zeit das Handbuch amtlicher wie privater Naturschützer. 1988 entwickelten wir ein neues Konzept, das dem Artensterben ein Ende bereiten könnte, und seit 2004 setzen wir es in einem Großversuch um.

Zum Schluss dieser Übersicht noch kurz zu dem „verrücktesten" Versuch, der zeigt, was wir in „Blackcap-City" und mit unseren Grasmückenspezialisten anpacken konnten. Auf atlantischen Inseln lebt eine melanistische Mönchsgrasmücke – die Schleiergrasmücke. Sie fasziniert Ornithologen seit weit über 150 Jahren und gab Anlass zu wildesten Spekulationen über ihre Entstehung. Sie ist selten, macht nur etwa zwei Prozent der normalen Population aus, so dass auf Madeira mit rund 10 000 Mönchsgrasmückenpaaren nur etwa 400 Schleiergrasmücken vorkommen. Wir wollten wissen, wie diese prächtigen „Schwärzlinge" zustande kommen und inwieweit dabei Vererbung eine Rolle spielt. Mit einigen der Besten unserer ehrenamtlichen Mitarbeiter – Georg Heine, Andreas Kaiser und Arnold Sombrutzki – gelang es, 1992 in abenteuerlichen Aktionen auf Madeira sechs Schleiergrasmücken (vier Männchen und zwei Weibchen) zu fangen, in Käfige einzugewöhnen und für Zuchtversuche in der Vogelwarte „auszuleihen". Mit ihnen und mit normal gefärbten Mönchsgrasmücken Madeiras konnten wir in unseren Volieren aus den verschiedensten Anpaarungen sage und schreibe 17 Schleiergrasmücken züchten! Damit ließ sich die Entstehung solcher Vögel aufklären: Sie basiert auf einem monogen rezessiven und autosomalen, d.h. nicht geschlechtsgebundenen Erbgang. Und das höchst erfreuliche Nebenergebnis: Wir konnten 1994 insgesamt 20 Schleiergrasmücken – Altvögel und Nachzucht – sowie zwölf heterozygote Hybriden nach Madeira zurückfliegen und dort, begleitet von Funk und Fernsehen und zum großen Gefallen der Naturschutzbehörde, die die Aktion genehmigt hatte, wieder freilassen. Wir hatten der Population etwa 1,5 Prozent Schleiergrasmücken für unsere Versuche entliehen, anschließend aber rund fünf Prozent zurückgegeben – darauf sind wir bis heute mächtig stolz.

Nektar trinkende Mönchsgrasmücken an Blüten einer Schotie auf Madeira (nach Fotos)

Rückkehr zum selbstständigen Institut

Kein Wunder, dass die Vogelwarte mit all ihren Forschungsaktivitäten einen mehr und mehr klangvollen Namen bekam. Aber um ihre gesicherte Erhaltung in der MPG sah es noch lange nicht gut aus. Zunächst ging 1976 Löhrl in den Ruhestand, und für 1979 stand die Emeritierung von Aschoff an. Damit war das Institut im Begriff, seinen großartigen Mentor zu verlieren – und schlimmer noch: Mit Aschoffs Ausscheiden sollte seine Abteilung am MPIV geschlossen werden. Dem Vernehmen nach hatten wohl „gute Freunde“ des Instituts in den USA der MPG zur Schließung geraten, um ihr Institut dadurch aufzuwerten. An Aschoffs Abteilung hing aber seit 1967 die Vogelwarte, und nach den Statuten der MPG wäre sie automatisch mit in den Schließungsstrudel geraten. Als Ausweg bot sich an: die Vogelwarte vorab an eine andere Abteilung anzuhängen. So schickte Aschoff Thielcke und mich zu dem in Seewiesen einzig dafür in Frage kommenden Direktor: Wolfgang Wickler. Der stimmte freudig zu, und die MPG, die uns inzwischen sehr schätzte, gab ihren Segen dazu. So gehörte die Vogelwarte bis 1991 zur Abteilung Wickler des MPIV – bis es noch weiter aufwärtsgehen sollte.

Mit der Umhängung der Vogelwarte war auch die Frage eines neuen Örtlichen Leiters zu klären – dafür wurde Ebo berufen, der 1980 mit seiner Familie nach Radolfzell umzog und „Am Obstberg“ residierte. Nach der Schließung der Abteilung Aschoff waren Mitarbeiter zu versorgen, und da bei uns die Stelle des altershalber ausscheidenden Zink frei wurde, erhielt sie Hermann Pohl, der hauptsächlich auf dem Gebiet der Tagesperiodik arbeitete. Dadurch verlor die Vogelwarte die wissenschaftliche Leitung der Beringungszentrale, und zwar bis 1999, was die Arbeit in diesem Bereich erheblich zurückwarf. Ohne „Stellenverlust“ eingliedern ließ sich Herbert Biebach, der – wie später auch Hubert Schwabl – zunächst an Amseln forschte und sich dann zunehmend dem Vogelzug über die Sahara zuwandte.

Mit der Eingliederung von Ebo und Mitarbeitern wurde es eng in Möggingen. So planten wir einen Erweiterungsbau, und zwar direkt hinter dem 1964 erstellten Neubau „Am Obstberg“. Als die kalkulierten Kosten dafür eine Million DM überschritten, zog die MPG die Reißleine und kam auf eine Idee, die an Absurdität nicht zu überbieten war: Rückkehr von Ebo samt Mitarbeitern nach Andechs in die dort leer stehenden Gebäude der Abteilung Aschoff. So kehrte denn Ebo 1982 mit seinen Leuten dorthin zurück, und der „Örtliche“ (!) Leiter der Vogelwarte arbeitete nun 250 Kilometer vom Hauptteil der Vogelwarte entfernt! Sein Mitarbeiter Pohl war dem Irrsinn nahe. Er hatte für den Umzug nach Möggingen sein Haus in Andechs verkauft und am Bodensee ein neues erworben, das er nun wieder verkaufen durfte … Aber bei der MPG müssen nun mal, wie bei anderen Einrichtungen auch, Opfer gebracht werden, wenn es denn der Forschung und dem Wohle der Menschheit dient …

Mir ging es in Schloss Möggingen prächtig. Unter Aschoff zunächst zum „Kronprinzen" avanciert, fühlte ich mich bald wie ein Fürst – zumal ich ja auch im zweiten Stock noch über der Familie von Bodman residierte. Aschoff hatte mir zwar im Januar 1974 geschrieben: „Sie wissen, dass ich mit der Art und Weise, wie gegenwärtig in Möggingen gearbeitet wird, sehr zufrieden bin … Dennoch muss ich Sie im Interesse Ihrer eigenen Laufbahn darauf aufmerksam machen, dass Sie so gut wie keine Aufstiegschancen in der MPG haben … Ich will Sie aber auch durchaus nicht vertreiben." Ich antwortete ihm in einem langen Brief und „… Kurz zusammengefasst: Ich möchte also trotz gewisser, von mir nicht abschätzbarer Unsicherheiten im Hinblick auf den Fortbestand der Vogelwarte in Möggingen bleiben und mit versuchen, die Vogelwarte nach Möglichkeit über die Runden zu retten."

Mir war längst klar geworden: Einen so idealen Arbeitsplatz mit nahezu grenzenlosen Möglichkeiten für hochkarätige Forschung, mit einem wunderbaren Stab von Mitarbeitern im Institut, Hunderten von ehrenamtlichen Mitarbeitern, optimaler Verzahnung von Labor und Feldarbeit, vielen Ausbaumöglichkeiten, hervorragender Zusammenarbeit mit der benachbarten Uni, und das alles in einem bezaubernden Wasserschloss mit über 1100-jähriger Geschichte – etwas Vergleichbares würde ich nirgendwo sonst in der Welt wiederfinden! Ich habe bis zu unserem Auszug aus dem Schloss am 31. Dezember 2012 nirgendwo einen ansprechenderen Arbeitsplatz gesehen, aber von Tausenden von Besuchern bei mir gehört, das sei wohl der schönste, den sie gesehen hätten. Deswegen konnte mich auch, nachdem ich 1970 eine Planstelle bekam, nichts mehr von der Vogelwarte weglocken – kein Angebot aus Bonn, Davis in den USA (Gott bewahre) oder von der Uni Tübingen. Als Möhres mehrfach vergeblich versucht hatte, mich zur Bewerbung für einen Lehrstuhl in Tübingen zu bewegen, kam er selbst in die Vogelwarte. Als er aus meinem Arbeitszimmer in die Kronen der hohen Bäume schaute und vor ihm ein Pirol flötete, sagte er: „Jetzt weiß ich, warum Sie hier niemand wegkriegen wird – gut, dass ich hier war, um das zu begreifen." Und mir war immer unbegreiflich, wie Biologen ihre Seele verkaufen und etwa in Instituten im Zentrum von Städten arbeiten konnten.

Mein Glaube an ein „gutes Ende" mit der Vogelwarte war vielleicht naiv, aber fest und damit letztlich zielführend. Nachdem unsere Arbeit zunehmend hoch gelobt und meine Anträge bei der DFG durchweg bewilligt wurden, ich ab 1970 auch bei der DO-G Karriere machen konnte, gewann ich die Überzeugung: Wenn wir so noch zehn, 15 Jahre weitermachen, sollten wir eigentlich erreichen, wozu uns Aschoff immer ermuntert hatte: „Seid bedeutend – dann werdet ihr eines Tages unentbehrlich!" 1987 waren wir nahe dran. Als mich Aschoff am 27. Mai besuchte, sagte er: „Ihr habt einen derartig guten Ruf in der MPG und in der Welt – euch kann man nicht schließen." Und 1989 schrieb er mir gar: „Sie haben die Vogelwarte – hoffentlich auch für die Zukunft – gerettet." Aber bis es tatsächlich so kam, bleibt noch viel zu berichten.

Der „Höhenflug" in die hehren Sphären unserer Scientia amabilis vollzog sich über eine Art Himmelsleiter Sprosse für Sprosse. Der Einstieg erfolgte auf dem Internationalen Ornithologen-Congress (IOC) in Moskau 1982. Dort hatte mir Donald Farner in einem Symposium einen Vortrag ermöglicht, der so gut ankam, dass ich danach 1985 zu einem Hauptvortrag bei der American Ornithologist's Union in Phoenix eingeladen wurde (mit der Bewertung „outstanding by every conceivable standard"). Dieser Erfolg führte durch den Einsatz von Klaus Immelmann zusammen mit anderen günstigen Umständen dazu, dass mir 1986 auf dem IOC in Ottawa die Ehre zuteil wurde, einen der fünf Plenarvorträge halten zu können. Als Thema wählte ich „The Control of Migration in European Warblers" und bereitete mich über ein halbes Jahr sorgfältig darauf vor. Das hat sich gelohnt: Es wurde einer der drei besten Vorträge, die ich in meinem Leben gehalten habe, und zudem die herausragend beste Präsentation des gesamten Kongresses, die damit den Einstieg in den „Ornithologen-Olymp" einläutete. In „British Birds" z. B. war anschließend darüber zu lesen: „The presentation (both verbal and visual) by Dr Berthold could not have been improved on in any way – even his timing, 59 ½ minutes in a 60-minute slot, was immaculate – and, together with the fascinating content, kept his whole audience attentive for every moment …"

Wunderbar war, dass mich Aschoff für diesen Vortrag in Ottawa auf deftighumorvolle Weise einführen und hinterher nach unserem gemeinsamen Auftreten das viele Lob von Herzen mitgenießen konnte – das hat mich für ihn ganz besonders gefreut. Folgen dieses „Durchbruchs" waren noch im selben Jahr meine Wahl in das „Permanent Executive Committee" der IOC und zum Chairman des wissenschaftlichen Programmkomitees für den nächsten IOC 1990 in Neuseeland. Und 1995 wurde ich – wie bis dahin üblich aufgrund meiner wissenschaftlichen Qualifikation – für vier Jahre zum Präsidenten des International Ornithological Committee gewählt und damit auch zum Präsidenten des 22. IOC 1998 in Durban, Südafrika.

Ab 1988 purzelten auf unsere Arbeitsgruppe auch laufend Auszeichnungen, so, um die wichtigsten zu nennen, 1988 der „Ornithologen-Preis" der DO-G, 1989 der Elliott Coues Award der USA, 1991 der Bruno-H. Schubert-Preis, seinerzeit der am höchsten dotierte

Fragend im Blick – die tausendste handaufgezogene Mönchsgrasmücke

Johannes Thienemann – mit Hund …

… und mit Hut und Stock neben Oskar Heinroth

Das erste Vogelwarte-Gebäude in Rossitten, ehemals Atelier des Malers Heinrich Krüger

Die erste Beobachtungsstation der Vogelwarte Rossitten – aus Treibholz erbaut

Das Storchengehege in Rossitten

Ein „Krajebieter“

Baron Nikolaus von und zu Bodman, mit Dohle

Schloss Möggingen

Rudolf Kuhk, Ernst Schüz und Nikolaus von und zu Bodman (von links)

Peter Berthold 1952 auf Vogelpirsch im Westpark von Zittau

Wilfried Haas (links) und Peter Berthold 1958 auf Fahrradtour zum Neusiedler See

Der Wegbereiter: Dr. Egon Köcher, Stadttierarzt in Nagold

Die schwimmende Beobachtungsstation „Netta“

Peter Berthold mit Kolbenente im Ermatinger Becken 1961

Der Blick aus einem Arbeitszimmer im Neubau „Am Obstberg“, direkt in eine Voliere mit Staren

Konrad Lorenz, Rudolf Kuhk und Hans Löhrl in Möggingen 1961 – zur Planung des Neubaus „Am Obstberg"

Das Wasserschloss Möggingen mit Schlossmühle, Neubau „Am Obstberg" (am oberen Bildrand) und Volierenanlage „Blackcap City" (unten links)

Jürgen Aschoff im Kreise ehrenamtlicher Mitarbeiter 1970

Donald Farner als Festredner beim Jubiläum 1976

Hans Sonnabend beim nächtlichen Schwalbenfang am Spiegelnetz

Hans-Günther Bauer auf einer Beringertagung

Nestjunge Mönchsgrasmücken bei der Aufzucht von Hand; der dunkle Vogel rechts auf dem unteren Foto ist eine in Blackcap City gezüchtete melanistische Form – eine Schleiergrasmücke

Eugeniusz Nowak mit einem frisch besenderten Zwergschwan in Holland 1990

Uli Querner beim Besendern eines Weißstorchs für die Satelliten-Telemetrie

Schematische Darstellung der bis 2004 von der Vogelwarte Radolfzell per Satelliten-Telemetrie untersuchten Vogelarten und deren Ortsveränderungen

Die Netzwand mit „Japannetzen“ des MRI-Programms auf der Mettnau-Halbinsel am Bodensee

Detlef Brensing auf dem Weg zur Beringerhütte mit „fetter Beute“

Franz Bairlein bei Beringung und Untersuchung eines gefangenen Vogels

Mittagsruhe – nach Affenart (mit Bananen) – auf Madeira

Peter Berthold auf den Kapverden, Mithilfe beim Maisstampfen

Mit Andreas Kieling bei einem balztollen Auerhahn im Nordschwarzwald

Faszinierende Vogelhaltung – Auerhahnbalz in den Volieren der Vogelwarte

Die Direktoren und Örtlichen Leiter der Vogelwarte Rossitten/Radolfzell von 1901 bis 2004 und der Hausherr Nikolaus von und zu Bodman von Schloss Möggingen

Einweihungsfeier der Forschungsstelle für Ornithologie in Schloss Möggingen am 9. April 1999 mit Hubert Markl und Baron Konrad von und zu Bodman

Alt und neu – der Emeritus Peter Berthold (Mitte), Martin Wikelski (links) und Iain Couzin (rechts) in Radolfzell 2015

Nikolaus und Monika von und zu Bodman bei der Goldenen Hochzeit 1985
in Schloss Möggingen

Eberhard („Ebo") Gwinner wird von Peter Berthold im Schloss mit einem leckeren
Happen versorgt, um 1975

Die Kerntruppe – Peter Berthold mit Francisco Pulido, Ulrich Querner, Gabriele Mohr und Rolf Schlenker vor Schloss Möggingen …

… und die Mitarbeiter Wolfgang Fiedler, Georg Heine, Bernd Leisler, Ute Hückler und Monika Krome bei der Schlossmühle

Zwei „gute Geister“ vieler Jahre: oben Luise Weidele beim Füttern junger Grasmücken, unten Karl-Heinz Siebenrock bei der Zubereitung deftiger Grillade

Begegnungen: oben links 2001 mit dem Bundespräsidenten Johannes Rau bei der Festversammlung der MPG in Berlin und oben rechts unter Narren im Schlosshof

Auf unseren Festen hatten auch Erzfeinde gut miteinander lachen – Gerhard Thielcke und Heribert Kalchreuter

Tierisch gute Freunde: Peter Berthold oben mit Bongo im Campingbus
und unten mit Welsumern im Zwiegespräch

Mit Heinz Sielmann, väterlicher Freund und großartiger Förderer unseres Biotopverbundes, 2004 im Schlosshof

Bei Beobachtungen an einem der neuen Biotope

Beim Vortrag über ein Thema, das es bitter nötig hatte: Vögel füttern – das ganze Jahr

Bei den Bergschafen auf der Streuobstweide in Billafingen

Erster Besuch in Rybachy 1991, Peter Berthold mit Alexander Bardin vor der neuen und alten Institutstafel

Mit prächtigen Waldohreulen an der Fangstation „Fringilla“

Preis für Umwelt- und Naturschutz in Deutschland, und später unter vielen weiteren 1998 der Wissenschaftspreis und die Karl-Ritter-von-Frisch-Medaille der Deutschen Zoologischen Gesellschaft sowie 2002 der Philip Morris Forschungspreis („deutscher Nobelpreis") und 2004 der Ehrenpreis der Heinz Sielmann Stiftung. 2005 wurde ich schließlich in die Liste der zehn weltweit führenden Ornithologen eingereiht (Garcilla 121: 44). 2010 gab es mir zu Ehren noch ein Festkolloquium auf Schloss Ringberg, und 2012 erhielt ich den Verdienstorden des Landes Baden-Württemberg.

Mit dem „Höhenflug" meiner Arbeitsgruppe stieg natürlich auch mein Selbstbewusstsein. Und so habe ich, meinem Naturell entsprechend, in Schloss Möggingen, schon lange bevor mir eine offizielle Leitung im Institut übertragen wurde, eine Führungsrolle übernommen. Unter Löhrl war das einfach, da er sich lieber im Stillen um seine Vögel kümmerte, denn als Örtlicher Leiter in Erscheinung zu treten, und Aschoff war es sehr recht, wenn ich ihn als „Kronprinz" in Möggingen entsprechend vertrat. Daran änderte sich auch wenig während des kurzen „Gastspiels", das Ebo in Möggingen vergönnt war, und Wickler als Nachfolger Aschoffs ließ uns wohlwollend an ganz langem Zügel laufen.

Ernsthafte Probleme gab es immer wieder und lange mit dem Institutsteil „Am Obstberg". Thielcke hatte sich zunächst durch zielstrebige Forschungsarbeit in der Bioakustik zumindest in Deutschland eine führende Position erarbeitet. Als er aber 1975 den BUND mitbegründet hatte, wurde er mehr und mehr umweltpolitisch aktiv, spannte – sehr zum Leidwesen von Löhrl – technische Mitarbeiter des Instituts für diese Art von Betätigung mit ein und ließ vor allem seine wissenschaftliche Arbeit im Institut zunehmend schleifen. Als er dann auch noch auf wenig qualifizierte Weise andere Institute der MPG kritisierte und dadurch unseren guten Ruf in der Gesellschaft zu untergraben begann, musste ich ihm die Freundschaft aufkündigen. Das führte dann 1991 zu einer interessanten „reinigenden" Konsequenz (siehe unten). Die Auseinandersetzungen mit Thielcke brachten auch eine unvermeidliche Polarisierung zwischen Schloss und Obstberg mit sich, aber die nahm dann mit den allmählich ins Haus stehenden großen Veränderungen mehr und mehr ein Ende.

1991 gab es einen großen Paukenschlag. Das einst weltberühmte MPIV in Seewiesen war inzwischen bedenklich geschrumpft, hatte stark an Bedeutung verloren, und die Neuberufung von weiteren Direktoren war vor allem an internen Querelen gescheitert. Andererseits hatten längst Fachbeiräte und namhafte Wissenschaftler vorgeschlagen, die herausragend positiv beurteilte Vogelwarte mit Ebos Abteilung in Andechs und unserem Stamminstitut in Radolfzell mehr zu fördern und eigenständig zu etablieren. Aschoff berichtete mir dazu in einem Brief vom 29. April 1990 über „Verständnis für meinen Vorschlag ... die Vogelwarte im Zuge einer Seewiesen-Neuordnung zu verselbständigen". Dazu kam es dann 1991: Ebo wurde im MPIV Seewiesen mit seiner Abteilung in Andechs zum neuen Direktor und Wissenschaftlichen Mitglied der MPG berufen – und ich in Möggingen ab 1. April zum neuen Örtlichen Leiter der Radolfzeller Arbeitsgruppe im Schloss und „Am Obstberg". Als Thielcke davon erfuhr, versuchte er noch in letzter Sekunde, meine Berufung zu verhindern, und als das scheiterte, zog er eine willkommene Konsequenz: Er verließ einen Tag nach meiner Ernennung das Institut, um fortan hauptamtlich beim BUND zu arbeiten. Ebo löste mit seiner Berufung 1991 Wickler als externen Direktor ab – und die Vogelwarte war nun weitgehend selbstständig. Aber: Es sollte noch besser kommen.

Seewiesen: Das Todesurteil

Als 1995 Hubert Markl, zuvor Präsident der Deutschen Forschungsgemeinschaft und Professor für Biologie an der Universität Konstanz, Präsident der Max-Planck-Gesellschaft wurde, war das einst weltberühmte Max-Planck-Institut für Verhaltensphysiologie in Seewiesen weit „heruntergewirtschaftet". Die einst klangvollen Namen wie Konrad Lorenz, Erich von Holst, Jürgen Aschoff und Franz Huber waren am Verblassen, und gerade mal zwei verbliebene Direktoren – beide Hausberufungen – hielten das angeschlagene Boot noch über Wasser: Wickler und Gwinner, ehemalige wissenschaftliche Assistenten von Lorenz bzw. Aschoff. Eine dritte verbliebene Direktorenstelle war aufgrund von institutsinternen Querelen so lange nicht besetzt worden, dass sie schließlich von Markls Vorgänger – Hans F. Zacher – gesperrt wurde. Man hatte dafür zwar über Jahre herausragende Kandidaten aus der Spitzenforschung zum „Vorsingen" eingeladen, aber regelmäßig wieder nach Hause geschickt, weil man sich über die Forschungsrichtung einer neuen Abteilung nicht einig wurde. Wie vom Fachbeirat des Instituts mehrfach vorgeschlagen, mich als weiteren Direktor zu berufen, wurde zwar nicht grundsätzlich abgelehnt, aber erschien nur realisierbar, wenn die MPG eine weitere neue Stelle zur Verfügung gestellt hätte – beim damaligen Zustand des Instituts absolut illusorisch. Nicht weiterer Ausbau des Instituts stand an, vielmehr begann in Fachkreisen ein Schreckgespenst die Runde zu machen: das Gerücht von seiner Schließung.

Als Markl 1995 Präsident der MPG wurde, ohne zuvor schon in der Gesellschaft gearbeitet zu haben, gab's für ihn Nachholbedarf: das möglichst rasche genaue Kennenlernen der über 80 Max-Planck-Institute, deren oberster Dienstherr er nun war. Er entschloss sich zu einem Kraftakt: zum Besuch aller Institute zu Beginn seiner Amtszeit und zu Gesprächen mit sämtlichen Direktoren. Auch war ihm damals schon klar: Für die von der Bundesregierung angeforderte umgehende Einrichtung einer Reihe von neuen Max-Planck-Instituten in dem vor wenigen Jahren mit uns wieder vereinten Osten Deutschlands würde die MPG ohne Schließung einiger alter Institute nicht umhinkommen. Damit war sicher: Markls Institutsbesuche waren nicht nur als „Schnupperkurse", sondern auch als eine Art von Prüfung auf Herz und Nieren zu verstehen.

Sein Besuch in Seewiesen war für den 15. Mai 1996 terminiert, von 9 bis 12 Uhr. Geladen zu einem intensiven Gespräch waren die beiden Direktoren – Wickler und Gwinner, Ernst Kaissling als Wissenschaftliches Mitglied der MPG der ehemaligen Abteilung von Schneider und, völlig unerwartet, auch ich. Markl teilte mir mit, dass er mich gern bei diesem wichtigen Gespräch mit dabeihätte. Das Gespräch war für mich eine Offenbarung. Markl berichtete zunächst über die MPG im Allgemeinen, seine Vorstellungen von Forschung und Gesellschaft, Kooperationen mit Universitäten und über die finanziellen Aussichten. Dabei stand im Vordergrund die Erwartung der Bundesregierung, bis 2000 etwa 200 bis 300 Stellen der MPG für neue Institute in Ostdeutschland zur Verfügung zu stellen – im Klartext: einzusparen und wohl einige Institute schließen zu müssen.

Dann wollte er von Wickler wissen, wie er sich die zukünftige Forschung von Seewiesen vorstelle. Als Antwort schob Wickler Markl ein DIN-A4-Blatt zu, das etwa zur Hälfte beschrieben war. Als Kaissling versuchte, von der Seite her darin mitzulesen, fragte Markl, ob wir dieses Exposé kennen würden, was Kaissling und ich verneinten, während Gwinner meinte, er habe wohl eine frühere Version davon gesehen. Markls Lippen wurden schmal, und Unmut war ihm deutlich ins Gesicht geschrieben. Über den Inhalt – Vorschlag für mehrere neue Abteilungen mit evolutionsbiologischer Ausrichtung – wurde nicht viel diskutiert, vor allem, nachdem Markl klargestellt hatte, dass derartige Forschung an jeder Universität vorgenommen werden könne und keines speziellen Max-Planck-Instituts bedürfe. Ich schrieb abschließend unter meine Aktennotiz: „ein Desaster". Und zu meinen Vertrauten sagte ich: Wenn Seewiesen nach diesem miserabel vorbereiteten Gespräch ohne fundiertes zukunftsträchtiges Forschungskonzept nicht geschlossen wird, dann muss man an der Verantwortung für Forschung der MPG ernsthafte Zweifel hegen. Aber meine Befürchtung war unnötig: Keine zwei Wochen später rief mich Gwinner an und sagte, Wickler und er seien zu Markl nach München zitiert worden, und dort habe er ihnen kurz und bündig mitgeteilt, dass das MPIV geschlossen wird.

Damit war eine Riesenchance vertan, und meines Erachtens hätte die Schließung von Seewiesen verhindert werden können. Wären die o. g. Gesprächsteilnehmer von Wickler rechtzeitig zusammengerufen worden, hätten wir meiner Meinung nach gemeinsam ein so faszinierendes und zukunftsträchtigrichtungsweisendes Forschungskonzept entwerfen können, das sicherlich auch Markl überzeugt und vor allem die Biologisch-Medizinische Sektion der MPG bestärkt hätte, ihre positive Einstellung zum Institut nicht aufzugeben. So aber mussten wir erst die formelle Schließung von Seewiesen abwarten, bis dann die Vogelwarte in der neu geschaffenen „Forschungsstelle für Ornithologie" wie „Phönix aus der Asche" aufsteigen konnte, wie Ernst Mayr es in Briefen an mich formulierte.

Forschungsstelle für Ornithologie

Im Hinblick auf die Schließung des MPIV setzte die MPG eine Kommission „Zukunft Seewiesen" ein, die sich am 28. Februar 1996 mit dem im Institut tagenden Fachbeirat traf. Dort ließ sich die Kommission vom Beiratsvorsitzenden Gerhard Heldmaier berichten, und danach wollte sie überraschenderweise auch mich hören. Und zwar sollte ich etwa 20 Minuten lang kurz über die Arbeit und „Bedeutung" der Vogelwarte berichten. Es war wie beim Abitur: An einem runden Tisch saßen eine ganze Reihe von Herren und einige Damen, unter ihnen der damalige Vizepräsident der MPG, Thomas Trautner, der Vorsitzende der BMS, Uli Schwarz, Kommissionsmitglieder u. a. Ich wurde, ähnlich wie bei einer Prüfung, zwischen alle Anwesenden in die freie Mitte platziert und sollte loslegen. Ich witterte blitzschnell meine Chance – und erzählte, so spannend es nur möglich war, und hatte gottlob rasch lauter interessierte Zuhörer.

Danach wurde ich entlassen, und dann passierte zweierlei. Frau Christina Beck von der MPG sagte mir, der Vizepräsident und der Sektionsvorsitzende hätten bei meinem Kurzvortrag erstmals bei diesem Treffen den Kugelschreiber weggelegt, um aufmerksam zuzuhören, und dann offenbarte mir Uli Schwarz: „Ich habe eine schlechte Nachricht für Sie. Sie haben uns mit Ihrem kurzen Referat dermaßen das Maul wässrig gemacht, dass wir die nächste Kommissionssitzung in der Vogelwarte in Radolfzell abhalten möchten – und Sie müssen nun leider alles dafür Nötige organisieren." Da habe ich einen Freudensprung vollführt – was Uli, wie er mir ein paar Jahre später erzählte, köstlich amüsiert hatte. Und nun die weiteren Ereignisse, die wie Schlag auf Schlag kamen, kurz kursorisch:

› 16. und 17. Mai 1996: Die Kommission „Zukunft Seewiesen" tagt in der Vogelwarte, besichtigt u. a. die Fangstation Mettnau und ist von unserem Institut hellauf begeistert. Vor der Abreise erhebt sich der Vizepräsident und bedankt sich mit erhobenem Glas für „die Demonstration großartiger Forschung in einem kleinen Institut mit Pioniercharakter".
› 6. Dezember 1996: Uli Schwarz, inzwischen „Fan" der Vogelwarte, erscheint mit dem für 1997 designierten Vizepräsidenten der MPG, Klaus Hahlbrock, im Institut und sorgt dafür, dass Hahlbrock während seines fünfstündigen Aufenthalts über alles, was

in dieser Zeit irgendwie möglich ist, informiert wird. Wie wir später erfuhren: Das war eine Inspektion von allergrößter Bedeutung.

› März 1997: Der MPG-Spiegel berichtet: „Das MPIV Seewiesen wird mit Emeritierung von Prof. Wickler zum 30.11.1999 geschlossen. Der ornithologisch orientierte Arbeitsbereich der Abteilung von Prof. Gwinner einschließlich der Vogelwarte Radolfzell wird als Forschungsstelle ausgegliedert, der eine Selbstständige Nachwuchsgruppe zuordnet werden soll.“ D. h. im Klartext: Die Vogelwarte wird die Schließung von Seewiesen nicht nur überleben, sondern sie wird auch noch erweitert! In „Die Zeit“ vom 1. November 1996 war dazu zu lesen: „Die Max-Planck-Gesellschaft wird Institute schließen“ … u. a. die „Verhaltensphysiologie (Seewiesen) … Das in den vergangenen Jahren eher unauffällig gewordene Institut in Seewiesen … verschwindet keinesfalls restlos: Sein bestes Stück, die Vogelwarte Radolfzell, bleibt bestehen.“

› 20. und 21. August 1997: Nochmals ganz großer Besuch in Radolfzell: Hahlbrock – neuer Vizepräsident der BMS seit 1997, Gerhard Wegner, neuer Vizepräsident der CPT (Chemisch-Physikalisch-Technischen Sektion), der neue Sektionsvorsitzende der BMS, Konstantin Alexander Hossmann, der ehemalige Vorsitzende Uli Schwarz, alle mit ihren Frauen, sowie Frau Beatrice Fromm von der Verwaltung. Nach ausführlicher Besichtigung des gesamten Instituts einschließlich der Mettnau-Station und einer Kaffeerunde in der Privatbibliothek der Familie von Bodman im Schloss ist klar: Diese „Generalinspektion“ ist die Vorbereitung für einen „ganz großen Wurf“! Wie begeistert die Gruppe war, zeigt ein Schreiben von Wegner an mich vom 27. August: „Sie haben Ihr Arbeitsgebiet und die Ziele und Absichten Ihrer Mitarbeiter sehr anschaulich und ganz und gar überzeugend dargestellt. Ich bin noch immer ganz fasziniert von der Vielzahl der

Fragestellungen und Arbeitsmethoden. Aber auch die großartige Gastfreundschaft, die wir genießen durften, verdient gerühmt zu werden. Daher Ihnen und allen Ihren sehr engagierten Mitarbeitern ein herzlicher Dank und alle guten Wünsche für die weitere Forschungsarbeit." Mit dieser Inspektion war entschieden, dass die Vogelwarte als Teil der neuen Forschungsstelle für Ornithologie auf alle Fälle in Möggingen verbleibt und nicht etwa mit der Abteilung Gwinner in Seewiesen auch örtlich zusammengelegt wird. Und mehr noch: Die Vogelwarte in Radolfzell wird ihren eigenen Direktor bekommen, und dafür soll ich zum Wissenschaftlichen Mitglied in der MPG berufen werden – nahezu unglaublich!

Die erste Lesung dafür im Senat erfolgte bereits im November 1997, die zweite im März 1998, schon am 2. Februar hatte mich Markl zu Berufungsverhandlungen nach München bestellt, und zum 15. April 1998 wurde ich dann zum „Wissenschaftlichen Mitglied der Forschungsstelle für Ornithologie (FfO) in Radolfzell und Andechs und zum Direktor an der Forschungsstelle" berufen. Und die Forschungsstelle selbst wurde ebenfalls zum 15. April 1998 offiziell ins Leben gerufen.

Von nun an waren Ebo und ich gleichberechtigte Direktoren unserer beider Abteilungen in Andechs und Radolfzell in einem völlig selbstständigen Institut der MPG und wechselten uns jährlich in der Geschäftsführung ab. Ebos Abteilung führte die Bezeichnung „Biologische Rhythmen und Verhalten", und wir nannten uns einfach „Vogelwarte Radolfzell". Dass wir Forschungsstelle und nicht Institut hießen, hatte folgenden Grund: Mit nur zwei Direktoren waren wir eine kleine Einrichtung der MPG, und die Bezeichnung Institut wurde für Forschungsstätten mit drei und mehr Direktoren verwendet. Einige Jahre später avancierten wir dann zum MPI für Ornithologie.

Über die „Selbständige Forschungsstelle für Ornithologie“ hat die MPG am 2. Juni 1998 eine Presse-Information unter dem Titel „Vogelkundliche Forschung im Aufwind“ herausgegeben, die folgende Begründung aufführt:

„Die Entscheidung geht auf die Empfehlung einer Experten-Kommission zurück, die von der Biologisch-Medizinischen Sektion der Max-Planck-Gesellschaft eingesetzt worden war. International eingeholte Fachgutachten ergaben ein beeindruckend positives Votum für die Fortsetzung der ornithologischen Forschung in der Max-Planck-Gesellschaft: Die von Prof. Peter Berthold und Prof. Eberhard Gwinner vertretenen Arbeitsschwerpunkte – die Untersuchung des Vogelzugs sowie der Tages- und Jahresrhythmik – böten als zentrale wissenschaftliche Themen langfristige Forschungsperspektiven.

Gwinner, so die Kommission weiter, genieße als Ornithologe hohe internationale Anerkennung; er zähle auf dem Gebiet der Erforschung biologischer Rhythmen und deren Bedeutung für die Umweltanpassung zu den weltweit führenden Wissenschaftlern. Ebenso hoch seien Bertholds Arbeiten zum Vogelzug einzustufen: als herausragende Leistungen, die wissenschaftlich wie logistisch höchsten Bewertungskriterien standhalten. Berthold habe mit der Einführung der Satelliten-Telemetrie völlig neue Wege der Vogelzugforschung beschritten, habe die Bedeutung der Mikroevolution für rasche Anpassungsvorgänge aufgedeckt und mit Ökosystemanalysen neue Bewertungsgrundlagen für den Umwelt- und Artenschutz geliefert.“

Später erfuhren wir noch aus gut unterrichteten Kreisen: Markl hatte der Kommission „Zukunft Seewiesen“ für ihre Tagung im Februar 1996 dringend empfohlen, mich unbedingt über die Vogelwarte persönlich anzuhören, damit das Institut nicht etwa unbesehen in den Schließungsstrudel von Seewiesen geriete. Und bereits nach der Inspektion der Vogelwarte von Hahlbrock am 6. Dezember 1996 begannen die Vorbereitungen auf höchster Ebene (Präsidium, Sektion) für meine Berufung zum Wissenschaftlichen Mitglied. Ebo wurde beauftragt, meine Unterlagen wie Curriculum vitae, Publikationsliste usw. zusammenzustellen, für eine Laudatio vor der BMS sowie für zwölf Gutachten – zehn davon aus dem Ausland –, die für eine Berufung durch die BMS, den Präsidenten und den Senat bei der MPG üblich sind. Danach ging alles zügig vonstatten. Die Gutachterlage war, dem Vernehmen nach, sehr positiv, und so wurde ich nach einer entsprechend positiven Abstimmung der BMS sehr herzlich als Mitglied in die MPG aufgenommen. Die erste Mitteilung über dieses Geschenk des Himmels erreichte mich vom Vizepräsidenten, Klaus Hahlbrock, am Abend des 21. November 1997. Er hatte sich auch persönlich sehr für die Vogelwarte eingesetzt und wurde, ähnlich wie Uli Schwarz, mehr und mehr zum „Fan" des Instituts, und wir wurden gute Freunde.

Mit meiner Berufung konnte ich im Sommer 1997 auch meine erste Jahrestagung der MPG besuchen – damals in Jena.

Fazit: Benjamin hatte es geschafft! Die Vogelwarte war gerettet, war selbstständig, in der MPG etabliert, und ich war sogar noch Direktor geworden. Mir wurde auch unverhohlen mitgeteilt: Ohne die Vogelwarte Radolfzell wäre es nie zu einer Bildung der Forschungsstelle für Ornithologie gekommen – die ornithologische Abteilung in Andechs allein wäre nach Ebos Emeritierung mit Seewiesen geschlossen worden. Und weiter wurde laut darüber nachgedacht, nach Ebos Emeritierung die gesamte Forschungsstelle nach Radolfzell zu verlegen. Diese Überlegungen bekamen noch einmal tüchtig Auftrieb, als mir 2001 eine ganz besondere Ehre zuteil wurde: Ich durfte den Festvortrag auf der Jahrestagung der MPG in Berlin halten. Darauf habe ich mich ähnlich gut vorbereitet wie auf den 1986 in Ottawa, so dass er wie der in Kanada einer der drei besten Vorträge wurde, die ich je gehalten habe (Nummer drei war der 1988 beim IOC in Durban). Vom Berlin-Vortrag mit dem Thema „Vogelzug als Modell der Evolutions- und Biodiversitätsforschung“ wurde noch Jahre danach gesprochen, Markl schrieb mir dazu: „... eine Sternstunde von Festvortrag“, und Christina Beck von der MPG sagte mir: „Nach diesem Vortrag haben Sie in der MPG alle Optionen.“

Die Jahre nach meiner Berufung zum Direktor waren zunächst in der Tat wie ein Freudentaumel. Finanziell und personell (mit 14,5 Planstellen, davon vier für Wissenschaftler) so gut ausgestattet wie nie zuvor, legten wir, obwohl meine offizielle Emeritierung ja schon sechs Jahre später ins Haus stand, nochmals einen ordentlichen Zahn zu. Und Markl hatte gut vorgesorgt: Damit der frisch gegründeten Forschungsstelle nichts Unangenehmes widerfahren könne, verlängerte er die Arbeitsverträge von Ebo und mir optional bis 2006 bzw. 2007, was später sehr hilfreich sein sollte. Die Berufung gab Schwung, noch etliches neu in Angriff zu nehmen. So haben wir „Blackcap-City“ noch einmal stark erweitert – auf 100 Einzelvolieren. Damit bestand die Chance, einen überaus spannenden Großversuch noch bis zu meiner Emeritierung erfolgreich durchzuführen. Und zwar wurden Vögel einer ausschließlich ziehenden Population, süddeutsche Mönchsgrasmücken, auf zunehmend geringere Zugaktivitätsmengen selektiert (was im Freiland immer kürzeren Zugstrecken entspricht, wie sie sich zurzeit bei vielen Vögeln im Zuge der Klimaerwärmung entwickeln).

Ein von uns entdecktes „Zugsyndrom“ – die miteinander zusammenhängende genetische Steuerung der Menge der Zugaktivität einerseits und Ziehen oder Nichtziehen andererseits – als sogenanntes Schwellenmerkmal führte zu der Voraussage: Ab einer bestimmten geringen Menge von Zugaktivität sollten in der bislang ausschließlich ziehenden Population „automatisch“ Standvögel auftreten. Und diese nun teilziehende Population könnte bei weiterer Selektion zu einer reinen Standvogelpopulation werden, wie bereits früher gezeigt. Diese „Herstellung“ von Standvögeln aus Zugvögeln wäre der bestmögliche Beweis für unsere neue Vogelzugtheorie und war damit überaus verlockend. Bei Einsatz aller unserer Kräfte konnten wir bis 2002 nochmals 305 Mönchsgrasmücken züchten und dabei in der Tat aus der ausschließlich ziehenden Mönchsgrasmückenpopulation 14 Standvögel selektieren. Und umgekehrt konnten wir aus nichtziehenden Mönchsgrasmücken Madeiras aus kleinen Resten von Zugaktivität, die sie von ziehenden Vorfahren behalten hatten, wieder Zugvögel selektieren.

Auch bei den in jüngster Zeit auf die Britischen Inseln ziehenden Mönchsgrasmücken gab es noch einmal ein Highlight. Anhand stabiler Isotope, bestimmt aus den Krallenspitzen gefangener Vögel, konnten wir zeigen: Die aus Großbritannien früh zu uns zurückkehrenden Vögel brüten wie angenommen bevorzugt miteinander, und durch diese assortative Verpaarung wird das Merkmal Nordwestzug stärker als zufällig vererbt. Da sich die neuen NW-Zieher bereits in weiteren Merkmalen von den herkömmlichen nach Süden wandernden Mönchsgrasmücken unterscheiden, könnten sie sich bereits auf dem Weg zur Bildung einer neuen Vogelart befinden. Unsere Veröffentlichung darüber in Science 2005 erreichte den Rang einer „Breakthrough"-Publikation des Jahres. Eine weitere spannende Untersuchung betraf die Frage, ob auch der Teilzug bei Zugvögeln innerhalb der Tropen genetisch gesteuert wird. Zudem konnten wir die Satelliten-Telemetrie auf insgesamt vier Kontinente ausdehnen und Studien in zwei neuen Bereichen beginnen: schutzrelevante Untersuchungen an Auerhühnern und molekularbiologische Analysen im Hinblick auf die genetische Steuerung des Vogelzuges sowie die genetische Struktur abnehmender Auerhuhnpopulationen u. a. m. Für die Genetik wurde eine Arbeitsgruppe an der Uni Konstanz etabliert (mit zwei Postdoktoranden und drei Doktoranden), deren Arbeiten später u. a. zur Identifizierung eines ersten „Vogelzug-Gens" führten. Und zudem wurde noch ein aufschlussreiches „Big-Brother"-Projekt gestartet. Über Minikameras konnten wir auf 25 Monitoren das Brutverhalten von Mönchsgrasmücken in „Blackcap-City" verfolgen.

Damit erreichte die Vogelwarte ab 1998 die Blütezeit ihrer Vielfalt an Untersuchungen – mit insgesamt 15 Forschungsbereichen: (1) Vogelzugforschung, (2) Populationsdynamik, (3) Populationsgenetik, (4) Evolutionsforschung, (5) Habitatwahl und Ökomorphologie, (6) Ökosystemanalyse, (7) Grundlagenforschung für Natur- und Artenschutz, (8) Brutbiologie und Fortpflanzungsstrategien, (9) Biorhythmik, (10) Ernährung und Stoffwechsel, (11) Bioakustik, (12) Satelliten-Telemetrie, (13) Auerhuhnforschung, (14) Molekularbiologie sowie (15) Flugmechanik und -physiologie (in einem Windkanal in Seewiesen, der der Abteilung Gwinner und der Vogelwarte zur Verfügung stand). Und Gremien wie der Fachbeirat bescheinigten uns, dass Arbeiten im Bereich der Vogelzugstudien, der Biorhythmik, Genetik und Evolutionsbiologie weltweit zur Spitzenforschung in diesen Disziplinen gehörten.

Die Anzahl der Vogelwarte-Mitarbeiter (Planstellen, Stipendiaten) war 1999 auf 55 angestiegen, davon bis zu zehn Wissenschaftler und 18 Doktoranden. Mit Wolfgang Fiedler, einem unserer langjährigen ehrenamtlichen Mitarbeiter vor allem auf der Mettnau-Station, erhielten wir nach seiner Promotion (1997) 1999 wieder einen Leiter der Beringungszentrale (dessen Stelle 1984 für Hermann Pohl verwendet worden war). Erfreulich war auch, dass wir mit Schreiben vom 18. Dezember 1997 erfuhren: Die Vogelwarte Radolfzell ist ein „selbstständiger Betrieb", für den der Seewiesener Betriebsrat nicht länger zuständig ist. Da konnten wir aufatmen – damit endeten jahrelange schmerzliche Behinderungen der Arbeit in Radolfzell.

Unser raketenhafter Aufstieg zur Selbstständigkeit hatte in aller Welt viel Freude und Zustimmung hervorgerufen. Stellvertretend für sie sei der weltberühmte aus Kempten im Allgäu stammende Evolutionsbiologe Ernst Mayr zitiert, der unserem Institut immer eng verbunden war und uns oft besuchte. Er schreibt am 2. Dezember 1997: „Lieber Peter! Über den Beschluss der MPG freuen wir uns ganz enorm! (oder wie man in Bayern sagen würde: mordsmäßig!). … Und Sie können da sehr stolz darüber sein, denn es sind vor allem Ihre Leistungen, die zu diesem Beschluss geführt haben … Also wirklich, diese Nachricht ist wunderbar." Und am 10. September 2011 zu unserer 100-Jahr-Feier teilt er uns mit: „Lieber Peter, die Vogelwarte Radolfzell-Rossitten hat seit dem Krieg einen beinahe Phönix-artigen Wiederaufstieg unter Deiner Führung erlebt. So ist eine Feier … auch verdient. Welch bewundernswertes Forschungsinstitut ist aus den kleinen Anfängen entstanden!"

Zum krönenden Abschluss unserer Verselbstständigung fand am 9. April 1999 „aus Anlass der Gründung der Forschungsstelle für Ornithologie (FfO) Vogelwarte Radolfzell" noch eine Feierstunde in Schloss Möggingen statt, an der neben dem Präsidenten der MPG, Markl, u. a. auch der Wissenschaftsminister von Baden-Württemberg, Klaus von Trotha, teilnahm. Und eine entsprechende Feierstunde wurde am 7. April auch für die Abteilung Gwinner in Andechs veranstaltet. Für diese Feierlichkeiten gab die MPG zum 7. April noch einmal eine fünfseitige Presse-„Hintergrundinformation" über unsere Arbeit heraus mit dem Thema „Neue Perspektiven für die Vogelzug-Forschung".

Mit meiner nahenden Emeritierung ging der Freudentaumel leider wieder zu Ende. Für die unserer Forschungsstelle zugedachte Nachwuchsgruppe hatten Ebo und ich neun Kandidaten vorgeschlagen, von denen eine dafür eingerichtete Kommission jedoch keinen unserer Favoriten aussuchte, sondern Bart Kempenaers, der leer stehende Gebäude in Seewiesen bezog. Dort hatten schon früher zwei Nachwuchsgruppen des MPIV ihre Arbeit aufgenommen, nämlich unter der Leitung von Manfred Gahr und Nicolas Michiels. Da die beiden Nachwuchsforscher Gahr und Kempenaers später zur Überraschung von Ebo und mir als unsere Nachfolger berufen wurden und die Regierung von Bayern laut verkündete, Seewiesen könne aus vertraglichen und sonstigen Gründen auf gar keinen Fall geschlossen werden, zog Unheil am Vogelwarte-Himmel auf: Die mögliche Wiederbelebung der Achse Seewiesen–Andechs und die neuerliche Frage: Was wird aus Radolfzell? Wie es tatsächlich dazu kam und wie die Vogelwarte nochmals wie „Phönix aus der Asche" zum selbstständigen Institut aufsteigen konnte – dazu mehr im Folgenden.

Rückfall zur Außenstelle

Nach dem Harnack-Prinzip wird in einem MPI nach Ausscheiden eines Direktors seine Abteilung in aller Regel geschlossen und dann meist durch eine neue, der Arbeit des Instituts besonders förderliche, ersetzt. Um Schließung, Neuausrichtung und Vorbereitung von neuen Berufungen kümmern sich speziell eingesetzte Stamm-, Fach- und Suchkommissionen der MPG. Wie 1999 beschlossen, soll die Stammkommission drei Jahre vor einer anstehenden Emeritierung ihre Arbeit aufnehmen – bei Ebo und mir war damit ab Ende 2000 zu rechnen. Vom Präsidium erfuhren wir, dass unsere erst 1998 neu gegründete Forschungsstelle nicht schon wieder grundsätzlich in Frage gestellt würde. Dazu war auch die jüngste Beurteilung durch den neuen siebenköpfigen Fachbeirat unseres Instituts – die internationale Effizienzkontrolle unter Vorsitz von John Wingfield, Seattle – zu gut. Dessen Urteil lautete: „… the Andechs and Radolfzell institutes … make the Research Centre for Ornithology of the MPG a unique laboratory; nowhere else in the world is there such integration of ecological, genetic, physiological and behavioural components of bird migration." Ähnlich positiv wurden unsere Studien über Bestandsveränderungen, Biorhythmik, Populationsgenetik u. a. beurteilt.

Vom Gesamtbetriebsrat erfuhren wir, die MPG betrachte die FfO mittlerweile als „Paradiesvogel“ und „Edelstein“ unter ihren Instituten.

2000 erhielten Ebo und ich unsere „blauen“ Emeritusbriefe mit der veranschlagten Emeritierung zum 1. Januar bzw. 1. Mai 2004 sowie die Mitteilung, dass 2001 eine Stammkommission für die FfO eingesetzt würde. Ihr gehörten die MP-Direktoren Ian Baldwin, Alexander Borst, Peter Gruss, Manfred Milinski, Christiane Nüsslein-Volhard, Heinz Wässle und Matthias Weber an. Sie tagte erstmals im August 2001 in Seewiesen, zusammen mit dem neuen Vorsitzenden der BMS, Hartmut Wekerle, und dem Vizepräsidenten, Klaus Hahlbrock. Ebo und ich wurden als „beratende Gäste“ eingeladen, und zudem konnten wir für dieses Treffen „Konzeptuelle Vorstellungen für die weitere wissenschaftliche Entwicklung“ der FfO erarbeiten sowie eine Liste mit mindestens zehn unserer Meinung nach als Nachfolger für uns geeigneter Kandidaten zusammenstellen. Wir legten ein Arbeitsprogramm für mindestens zehn Jahre vor mit Schwerpunkten in der Evolutionsbiologie, Vogelzugforschung, Populationsdynamik, Biorhythmik u. a. und schlugen 15 Kandidaten vor. Die Kommissionssitzung verlief überaus positiv.

Die Verantwortlichen waren „enthusiastisch“ für die Fortführung der FfO gemäß unserer Konzepte an beiden Standorten Andechs und Radolfzell und entschieden sich für ein baldiges Suchsymposium zur Auswahl geeigneter Kandidaten für neue Direktoren. Hahlbrock plädierte dafür, drei neue Direktoren zu berufen – einmal, um beide Standorte zu sichern, und auch, damit die FfO künftig die Mindestgröße für ein MPI erreichen würde. Außerdem schlug er vor, dem künftigen Institut nach Möglichkeit ein „Zentrum für Biodiversitätsforschung und Ökosystemanalysen“ anzuschließen – tolle Aspekte, ganz im Sinne unserer Konzepte.

Wegen sehr angespannter Haushaltslage der MPG wurde das Suchsymposium auf 2003 verschoben. Dadurch tagte in der Zwischenzeit noch einmal unser Fachbeirat, der der Vogelwarte wiederum ein hervorragendes Urteil formulierte: „This research is particularly exciting and unique worldwide“ und – in Verbindung mit Andechs „combined they are the leaders of organismal biology groups in the world.“

Damit waren wir in die Weltspitzenforschung unserer Disziplinen aufgerückt, wozu uns auch der Präsident der MPG ausdrücklich gratulierte. Die Kommission tagte vor dem Symposium noch einmal im Juli 2002, diesmal in der Vogelwarte und inzwischen mit dem neuen Vizepräsidenten, Herbert Jäckle, und dem neuen Vorsitzenden der BMS, Lothar Willmitzer. Auch diese Sitzung verlief ganz in unserem Sinne, und Jäckle schrieb mir danach am 25. Juli: „Lieber Herr Berthold, ganz herzlichen Dank für die Demonstration der Zoologie vor Ort. Es war so, dass mein Zoologenherz höher geschlagen hat! Ich hoffe, dass wir bald in der Szene fündig werden und dass Radolfzell mit neuem Gesicht nahtlos übergehend weiter blüht und fruchtet.“

Danach ging es zügig weiter: Ausschreibung zur Neubesetzung der Direktorenstellen von Ebo und mir in „Nature“ und „Science“, worauf sich 34 Bewerber meldeten und wovon wir 15 für eine Präferenzliste für die Kommission aussuchen konnten. Davon wurden von der MPG 2003 schließlich zehn zum „Vorsingen“ bei einem Internationalen Symposium über „Birds as Model Organisms in Integrative Biological Research“ eingeladen.

Das Ergebnis dieses Symposiums war für Ebo und mich gleichermaßen enttäuschend: Die Kommission entschied sich für Gahr und Kempenaers – also für unseren ehemaligen Nachwuchsgruppenleiter, der inzwischen nach Holland berufen worden war, und für den seinerzeit in Seewiesen Tätigen. Von unseren Favoriten war keiner berücksichtigt worden. Das bedeutete: Bei Annahme des Rufes durch die beiden Kandidaten – wovon auszugehen war – würden sie sicher wieder an ihrem Stammplatz in Seewiesen arbeiten wollen und beide sicher in ihren Fachbereichen, die weit entfernt von den Konzepten waren, die Ebo und ich für die Zukunft entwickelt hatten und die hoch gelobt worden waren. Und ein Kandidat für einen dritten Direktor kam nicht in Betracht – dafür war die Haushaltslage der MPG durch den Aufbau Ost zu angespannt. Damit drohte Folgendes: Die FfO wird zwar fortbestehen, aber mit zwei Direktoren in Seewiesen, und die Vogelwarte Radolfzell, so sie in irgendeiner Form erhalten bliebe, fiele wieder zur Außenstelle zurück. Und Ebos Abteilung würde mit seiner Emeritierung vollständig geschlossen werden, da deren Arbeitsrichtung damit beendet wäre.

Ebo und ich, wir waren der festen Überzeugung: Die gefällte Entscheidung war vor allem pragmatisch: Mit der Auswahl der Kandidaten war sichergestellt, dass Seewiesen als Einrichtung der MPG fortbesteht – und darauf pochte der Freistaat Bayern ganz gewaltig, was auch für den neuen Präsidenten der MPG, Peter Gruss, nicht zu überhören sein konnte, denn seine Generalverwaltung ist das Nachbargebäude der Bayerischen Staatsregierung in München … Wie es genau zu dieser Entscheidung unter dem neuen Vorsitzenden der BMS, Willmitzer, gekommen ist – der übrigens im Gegensatz zu seinen drei Vorgängern sicher kein „Fan" der Vogelwarte war –, werden wir wohl nie erfahren.

Aber eine derartige Lösung kam wohl auch nicht unerwartet, denn der Vizepräsident hatte überraschenderweise unmittelbar nach Verkündigung der für Ebo und mich frustrierenden Entscheidung folgende tröstenden Worte im Gepäck: „Trotz allem – er habe das Wort des Präsidenten, dass der Standort Radolfzell auf alle Fälle erhalten bliebe, und sei es auch nur als Außenstelle, und es solle zudem – sobald es die Umstände wieder erlauben – nach Möglichkeit für einen dritten Direktor, und zwar für die Vogelwarte, Ausschau gehalten werden."

Bemerkenswert in Bezug auf die erfolgte Entscheidung war auch, dass ein Kandidat überhaupt nicht berücksichtigt wurde, obwohl seine Arbeiten fast alle Bereiche abdeckten, die Ebo und ich konzipiert hatten, und der so viele Arbeiten in „Nature", „Science" und „PNAS" veröffentlicht hat, wie wohl keiner der in der MPG amtierenden Direktoren.

Die weitere Entwicklung unserer FfO lief teils wie erwartet, teils himmelschreiend unerwartet. Zunächst wurde die Vogelwarte tatsächlich simpel Außenstelle der FfO Andechs-Seewiesen, die dann im November 2003 zum MPIO – Max-Planck-Institut für Ornithologie – umbenannt wurde. Wie die Außenstelle ausgestattet sein würde und was neben ihrer Funktion als Beringungszentrale weitere Aufgaben sein könnten, blieb lange offen. Der Hauptgrund dafür war, dass sich die Berufungsverhandlungen, vor allem mit Gahr, lange hinzogen – er nahm den Ruf erst zum 1. Oktober 2004 an.

Ebo hatte aus der „Misere" längst Konsequenzen gezogen und verkündet, dass er die von Markl eingeräumte Verlängerung seiner Dienstzeit in Anspruch nehmen und bis zum 31. Dezember 2006 als Direktor bleiben wolle. Ich beabsichtigte nach wie vor, mich regulär für Ende 2004 emeritieren zu lassen, um mich ganz neuen Aufgaben im Naturschutz zu widmen, behielt mir aber auch andere Optionen offen für den Fall, dass die Vogelwarte über 2004 hinaus meine Hilfe brauchen sollte. Danach sah es bald aus. Zum einen brachte das Jahr 2003 drastische Sparmaßnahmen. Wir erinnern uns mit der Presse an die forschungs- und akademikerfreundliche Bundesregierung unter Gerhard Schröder (Lehrer: faule Säcke …): „Diese Bundesregierung hatte im November letzten Jahres (2002) völlig überraschend ihre Zusage zurückgezogen, das MPG-Budget in diesem Jahr um drei Prozent zu erhöhen. Stattdessen hieß es aus Berlin: Kein Geld mehr, Nullrunde! Was angesichts steigender Löhne und der Inflationsrate de facto ein Minus bedeutet."

Erforderliche Sparmaßnahmen waren: Das Budget sämtlicher MP-Institute um vier Prozent zu kürzen sowie zwölf Abteilungen und etliche Nachwuchsforschergruppen, deren Leiter in den Ruhestand gehen bzw. deren Verträge auslaufen, zu schließen. „Weiterhin wird die Gesellschaft bereits geplante Direktorenstellen vorerst nicht besetzen – und zwar an den Instituten für Infektionsbiologie (Berlin), Ornithologie (Radolfzell) und terrestrische Mikrobiologie (Marburg)." Dafür hätten wir Herrn Schröder gern den „Dr. gaz. prom." verliehen. Entsprechende Sparmaßnahmen wurden 2003 in zwei „Münchner Runden" umgesetzt.

Ich bot an, trotz der widrigen Umstände für die Vogelwarte Ende 2004 das Feld zu räumen, damit für Gahr und Kempenaers überhaupt ein vernünftiger Etat zustande käme, verzichtete auch auf gegenwärtige Überlegungen für einen dritten Direktor für Radolfzell, wenn dafür Anstrengungen bei besseren Randbedingungen sofort wiederaufgenommen würden. Und für die „Außenstelle Radolfzell" schlug ich vor, ein Konzept für eine Minimalausstattung zu erarbeiten. Das kam bei den „Münchner Runden" gut an, und man stellte in Aussicht, ab 2006 intensiv auf einen dritten Direktor für Radolfzell zuzuarbeiten.

Ebo und ich haben dann im Juli 2003 einen „gemeinsamen Vorschlag für die Ausstattung der Außenstelle Vogelwarte Radolfzell" erarbeitet. Deren Herzstück sollte die Beringungszentrale sein, in Verbindung mit vier Fangstationen (auf der Mettnau-Halbinsel, in der Reit bei Hamburg, in Rybachy, also dem ehemaligen Rossitten, sowie – ab 2005 – im Park von Schloss Möggingen) und in Zusammenarbeit mit den rund 250 ehrenamtlichen Mitarbeitern vor allem in Süddeutschland. Die personelle Minimalausstattung sollte zwei Wissenschaftler umfassen, mit Wolfgang Fiedler als Örtlichem Leiter, vier TA, einen Arbeiter sowie Mittel für Stipendiaten. Dem wurde von den neuen Direktoren und der MPG zugestimmt – und dann gab es sogar noch Verstärkung. Über das „Sonderprogramm zur

Förderung hervorragender Wissenschaftlerinnen in der MPG" kam 2005 Anne Peters mit einer Arbeitsgruppe an die Vogelwarte, geplant für fünf Jahre. Sie gab dort allerdings nur ein kurzes Gastspiel (bis 2007), da von ihr geleitete Versuche abgebrochen werden mussten und nicht weitergeführt werden konnten.

So bereitete ich mich schließlich 2004 emsig auf meinen „Ruhestand" vor. Bald waren die Versuchsvögel bis auf sechs Auerhühner und eine Handvoll Mönchsgrasmücken bei Liebhabern gut untergebracht, und dann wurden rund 650 Ordner für ihre Reise ins Archiv der MPG nach Berlin zusammengestellt – die gesamte Korrespondenz seit der Schulzeit, Unterlagen über alle von meiner Arbeitsgruppe im Institut gehaltenen Vögel, Protokolle aller Versuche sowie die Originaldaten sämtlicher Publikationen u. a. m. Für meinen Emeritus-Arbeitsplatz war vorgesorgt: Der Präsident bewilligte ihn für zwei Jahre bis Ende 2006 – und verlängerte ihn danach sage und schreibe noch dreimal – bis zum 31. Dezember 2012 und damit bis zum Ende der Ära „Vogelwarte in Schloss Möggingen".

Bei Vorbereitungen für meinen neuen „Beruf" nach der Emeritierung als „Landschaftsgestalter für Naturschutzzwecke" erreichte mich mit Post vom 16. August ein Zettel von Ebo mit der Notiz: „Lieber Peter, muss mich zurzeit leider für eine Weile im Krankenhaus aufhalten. Ich rufe Dich demnächst an und erkläre Dir mehr. Viele Grüße, Dein Ebo." Nachdem mehr als eine Woche lang kein Anruf kam, rief ich bei ihm zuhause an und erreichte seine Tochter Leni. Die sagte mir, es sei alles unvorstellbar schlimm, Ebo liege im Koma, und ich würde ihn wohl sicher nicht wiedersehen. Und so kam es: Nach einer weiteren Woche, am 7. September, ist Ebo verstorben. Ein aggressiver Krebs hatte ihn so stark angegriffen, dass jegliche Hilfe zu spät kam. Da war das ganze Institut wie gelähmt. Und ich habe erstmals hautnah gespürt, wie wahr die geflügelten Worte sein können: „Rasch tritt der Tod den Menschen an."

Dabei hatten Ebo und ich uns noch im Jahr zuvor in Bad Wurzach zu letzten „Exerzitien" getroffen und dabei Folgendes besprochen: Ich erzählte ihm, dass ich mich kurz zuvor wegen der harmlosen Behebung eines „Schnäpperles-Daumens" (Sehnenverhärtung) einer unglaublichen Prozedur von Gesundheitschecks hatte unterziehen müssen – großes Blutbild, Thorax-Röntgenaufnahme, EKG u. a. – und dass aber als erfreuliches Nebenergebnis nichts Ernsthaftes dabei entdeckt worden sei. Da meinte Ebo, so ein Test täte ihm vielleicht auch mal ganz gut, fügte dann aber hinzu, dass der wohl doch entbehrlich sei, da er sich pudelwohl fühle. Ich denke, es war sehr gut so, dass bei ihm ein solcher Test zu jener Zeit nicht angestanden hatte.

Zurück wie Phönix aus der Asche

Endlich: endgültig zur Selbstständigkeit

Als das Wissenschaftsministerium von Baden-Württemberg erfuhr, dass die Vogelwarte Radolfzell – 1999 noch groß als frisch ausgegründete Forschungsstelle im Beisein des Wissenschaftsministers gefeiert – mit meiner Emeritierung wieder zur Außenstelle zurückgefallen war, gab es Ärger. Ein Anruf vom Ministerium bedeutete mir: „Wenn Ihr Vizepräsident – Jäckle – wieder im Ländle auftaucht, dann möge er sich gefälligst sehr warm anziehen im Hinblick auf das, was ihn dann erwartet!" Ich warnte Jäckle natürlich, aber der nahm's gelassen und meinte, diese Androhung garantiere auf alle Fälle Gesprächsbereitschaft – und die könne er für seine Pläne gut brauchen. Er wollte nämlich dem Land einen Deal vorschlagen: eine Berufung zusammen mit der Uni Konstanz für eine Brückenprofessur – Lehre an der

Uni, Forschung als MP-Direktor an der Vogelwarte, die dafür von der MPG sehr gut ausgestattet würde.

Da die Vogelwarte bei Land wie Uni beliebt war und man sich durch die Zusammenarbeit viel für die zukünftige Forschung versprach, kam die Idee gut an. Und dazu kam noch ganz aktueller Bedarf: durch einen Ausbruch der Vogelgrippe am Bodensee 2006. Das Schreckgespenst einer Seuche machte die Vogelwarte plötzlich ganz wichtig im Hinblick auf Fragen, wie von woher Wasservögel an den Bodensee kommen, ob sie Grippe-Erreger aus Asien einschleppen könnten, welche Arten als Überträger in Frage kommen usw. Damit ergab sich auch ein attraktives Arbeitsgebiet für die angedachte Brückenprofessur, der die Uni Konstanz und die MPG 2006 zustimmten. Im „Südkurier" war im August 2006 darüber zu lesen: „Uni stellt Vogelgrippe-Professor ein". Konkret wurde ein Ornithologe gesucht, der an der Uni und in der Vogelwarte die Fachgebiete Biodiversität, Immunologie und Virologie in Verbindung mit Vogelzug und Brutbiologie leiten konnte, angekündigt als „Ecological Immunobiology of (Migratory) Birds".

Für die Auswahl eines geeigneten Kandidaten war ein gemeinsames Berufungsverfahren erforderlich, mit Kommissionen sowohl an der Uni als auch in der MPG. Die Ausschreibung erfolgte Ende 2006, und für 2007 war ein Auswahlkolloquium vorgesehen, das aber nach Sichtung der Bewerbungen und Absagen entbehrlich wurde. Vielmehr kamen Uni und MPG überein, „Ihre Beratungen auf einen Kandidaten – Herrn Wikelski – zu konzentrieren". Martin Wikelski! Das war einer der Kandidaten, den Ebo und ich beim Suchsymposium 2003 als Favoriten auf unserer Liste hatten und der seinerzeit unverrichteter Dinge wieder nach Hause fahren musste! Er hatte mir danach aus den USA, wo er seit über zehn Jahren forschte, geschrieben: „Lieber Herr Berthold, es hat mich sehr gefreut, dass wir uns in Seewiesen wiedergetroffen haben … Der Ausgang der Auswahl hat mich sehr bestürzt, insbesondere dass Feldornithologie in Ihrem Sinne, Zugforschung und Orientierung nicht weitergeführt werden und dass damit auch das Schicksal meines geliebten Radolfzell besiegelt scheint ... Ich kann Ihnen nicht sagen, wie gern ich nach Deutschland zurückgekehrt wäre ... Herzlichst, mit Grüßen an Waguleika Toggolosch, Ihr Martin." Und nun war er im Fokus für die neue Direktorenstelle! Der Rest war einfach: Die Lage von 13 von der MPG und der Uni eingeholten Gutachten war „außerordentlich positiv", so dass die Berufung im Juni 2007 für 2008 beschlossen und am 25. Juli 2008 mit einem zünftigen Einstandsfest besiegelt wurde.

Damit war die Vogelwarte – wieder einmal – gerettet. Da Martins Abteilung großzügig ausgestattet wurde, kam wieder Leben in die Vogelwarte, und die mageren Jahre, in denen Fiedler interimistisch die Außenstelle mit Minimalausstattung und mit viel Mühe über die Runden bringen musste und in der auch die Fangstation auf der Mettnau in ihrer 1968 konzipierten Form leider nicht erhalten werden konnte, hatten ein Ende.

Aber so richtiges Wohlbehagen kam noch nicht auf. Ein Direktor für zwei Abteilungen – eine am MPIO in Möggingen und eine an der Uni Konstanz –, ein derartiger Dauerspagat barg natürlich die Gefahr permanenter Überbelastung mit unabsehbaren Folgen. Deshalb wurde von verschiedenen Seiten (von Martin, vom ehemaligen Vizepräsidenten der MPG, Hahlbrock – einem inzwischen festen Freund der Vogelwarte –, von Jäckle und natürlich auch von mir) der Wunsch vorgetragen – nach einer weiteren Abteilung für den Standort Radolfzell. Und – es geschehen ja bisweilen Zeichen und Wunder: Diese zweite Abteilung wurde im Sommer 2014 von der Uni und der MPG abgesegnet und durch die Zusage von Iain Couzin, ab 2015 als Professor an die Uni Konstanz und als zweiter Direktor einer eigenen Abteilung an das MPIO nach Möggingen zu kommen, Realität. Damit hat das MPI für Ornithologie nun vier Direktoren – zwei im

Teilinstitut in Seewiesen und zwei in Radolfzell/Konstanz mit den beiden Abteilungen „Tierwanderungen und Immunökologie“ (Wikelski) sowie „Kollektivverhalten“ (Couzin). In den nächsten sechs Jahren wird die Uni Konstanz vier Lehrstühle auf dem Gebiet „Bewegungsökologie“ einrichten, in dem Couzin und Wikelski mit zwei weiteren Forschern in einem „Movement Ecology Cluster“ eng zusammenarbeiten können.

Damit konnte 2015 auch die völlige Abkopplung von Seewiesen eingeleitet werden, einschließlich vollständig getrennter Verwaltungen. Somit ist Thienemanns 1901 gegründete Vogelwarte nun endlich wieder – und damit hoffentlich endgültig und „für alle Zeit“ – selbstständig! Aber was heißt „für alle Zeit“ nach all den Erfahrungen, die die Vogelwarte auf ihren Berg-und-Tal-Fahrten gemacht hat. Dazu sei der berühmte Donald Farner zitiert. Er hatte seine Festrede anlässlich der 75-Jahr-Feier der Vogelwarte 1976 mit den Worten beendet: „75 sehr erfolgreiche und erregende Jahre sind vergangen; ich sage wenigstens 75 weitere noch ertragreichere Jahre voraus.“ Wohlan, das hieße bis 2051. Da wäre Martin 86 Jahre alt und könnte bei den bis dorthin zu erwartenden Ruhestandsregelungen mit Anstand emeritiert werden!

Unser großer „guter Geist“ Ernst Mayr hatte uns bereits 2001 zur 100-Jahr-Feier des Instituts geschrieben: „Die Vogelwarte Radolfzell-Rossitten hat seit dem Krieg einen beinahe Phönix-artigen Wiederaufstieg erlebt!“ – und das war nun 2015 mit zwei Direktoren vor Ort gefestigt worden und wird es hoffentlich lange bleiben, dreimal schwarzer Kater!

Zum Schluss dieses Kapitels bin ich noch die Erklärung zweier Ausdrücke schuldig, die in Martins Brief zitiert sind: „Waguleika Toggulosch“. Damit hat es folgende Bewandtnis. Im Dezember 1986 untersuchte ich mit einer Truppe „wilder Gesellen“ in Südfrankreich die spannende Frage, ob dort sesshafte Individuen teilziehender

Mönchsgrasmücken in den immergrünen Waldgebieten mit Koniferen, Efeubewuchs usw. überwintern, in denen sie später auch brüten, und die zugezogenen Mönchsgrasmücken als Wintergäste bis aus Skandinavien mehr in sommergrünen, im Winter lichten Wäldern. Beide lassen sich an ihren relativ kurzen runden bzw. mehr langen, spitzen Flügeln gut unterscheiden – man muss sie nur fangen und vermessen. Dafür haben wir zwei Wochen lang in einem rollierenden System an die zehn Kilometer Gelände mit Netzen bestückt – an der „Front" wurden neue Netze aufgestellt, hinten wieder abgebaut, und in der Mitte wurde gefangen und vermessen.

Die Arbeit begann mit Tagesanbruch, endete abends nach Dunkelwerden mit einer Nachtkontrolle, und da die Netze nachts stehen blieben, nächtigte die Gruppe von zehn Mitarbeitern vor Ort in Zelten. Bei 24 Stunden Aufenthalt im Freien, bei Wind und Wetter und nachts leichtem Frost, hatten drei Dinge hohen Überlebenswert: abends zünftige Lagerfeuer, Kessel voller deftiger Eintöpfe mit Speck (gegen die Kälte) und Knoblauch (gegen die Flöhe), und danach, nicht zu knapp, französischer Landwein. Und da blieb nicht aus: Im Schein der lodernden Flammen tauchten zwischen den kahlen Baumskeletten auf – Gespenster!

Mein ehemaliger Doktorand Detlef Brensing und Kumpan manch legendärer Reise, der früher in Afrika gearbeitet und daher den Spitznamen „Kafferki" trug, erkannte auch bald einen dieser Schattengeister, der ihm schon früher im afrikanischen Busch begegnet war: Toggulosch! Und ich benamste einen zweiten, den ich angeblich aus der Sibirischen Taiga kannte: Wakuleika!

Der Rest ist leicht zu erraten. Mit von der Partie unter den „wilden Gesellen" war Martin, dem es damals „unbandig" gefiel, und seither ist „Wakuleika Toggulosch" bei uns ein geflügeltes Wort. Sehr gut in Erinnerung an die damalige Expedition ist auch noch, dass wir wenige Tage vor Weihnachten bei etwas Sonne ausgiebig im Gardon, nahe dem berühmten Pont du Gard, gebadet haben, um nach zwei Wochen Bekleidung „am Stück" nicht „stinkend wie die Böcke" nach Hause zu kommen. Martin hat mir ein Jahr später zur Erinnerung an diese „Haudegentour" eine messerscharfe Machete aus Südamerika geschickt, die mir viele gute Dienste geleistet hat.

Was eigentlich wichtig war

Voraussetzungen zum Erfolg

Wer die bisherigen Kapitel gelesen hat oder mich ohnehin kennt, weiß: Ich konnte in rund 50 Jahren nahezu zielgerichtet die Entwicklung vom vogelbegeisterten Volksschüler bis zum Direktor eines der weltweit führenden ornithologischen Institute durchlaufen, eng verbunden mit der wechselhaften Bergauf-bergab-Geschichte der Vogelwarte. Ich werde oft gefragt: Wie war das möglich? Gab es dafür so etwas wie einen „Schlüssel zum Erfolg"? Die Antwort ist einfach. Es war das Zusammenwirken von viererlei: erstens von einer Reihe förderlicher Eigenschaften meinerseits, für die ich nichts kann, die mir in die Wiege gelegt wurden, zweitens von immer wieder zur rechten Zeit eingetretenen günstigen Umständen, drittens von der tatkräftigen Unterstützung durch einzigartig gute Mitarbeiter, Förderer und Freunde, und viertens, dass ich gelernt habe, sehr effizient zu arbeiten.

Zuerst zu den Eigenschaften. Da ist die wichtigste, dass ich schon frühzeitig ein regelrechter Vogelnarr wurde, mit anhaltender Tendenz zur Verschlimmerung, und dass sich diese Liebe zur Vogelwelt mehr und mehr auf die ganze Natur ausgedehnt hat. Aber ich kann beim besten Willen nicht sagen, warum diese Naturbegeisterung ausgerechnet von mir so vollkommen Besitz ergriffen hat und etwa von manchen Wegbegleitern weitaus weniger.

Ähnliches gilt für Arbeit und „Fleiß“: Arbeit ist mir seit meiner Kindheit, in der ich im Garten gearbeitet habe, nie Last gewesen, sondern im Gegenteil war und ist für mich ein wichtiges Lebenselixier und Freudebereiter. Nun mag man sagen, gut, mit dem Fernglas herumzulaufen und Piepmätze zu beobachten, das mag Spaß machen, aber das trifft nicht den Sachverhalt. Zum einen war der überwiegende Teil meiner ornithologischen Arbeit harte Knochenarbeit, Feldarbeit unter extremen Bedingungen, wie etwa im Winter in Finnland, oft bis zur Erschöpfung, Durchführung schwieriger Versuche oder monatelange Schreib- und Verwaltungsarbeit, und zum anderen bereitet mir fast jede Arbeit viel Freude, einschließlich Tätigkeiten wie Stall ausmisten, Brennholz herrichten, Obstbäume schneiden, Heu machen usw. Arbeit erfüllt mich, befriedigt, macht körperlich fit, und fast mit jeder Tätigkeit lässt sich etwas Interessantes fürs weitere Leben hinzulernen. Tage, an denen ich am Arbeiten gehindert werde, sind mir zuwider, und Verhinderer sicher nicht meine Freunde.

Deshalb war auch Urlaub im Sinne von „Ausspannen“, „Erholen“ oder gar „Faulenzen“ für mich immer ein Unding. Heute bin ich froh, dass ich als „Ruheständler“ in der Regel an sieben Tagen in der Woche rund ums Jahr arbeiten kann und keinen Urlaub mehr machen „muss“. Als ich noch intensiv im Institut arbeitete, musste ich in vielen Jahren einen Teil meiner Urlaubstage nehmen, um eine Zeitlang „abzutauchen“ und mich zwischendurch vor übermäßigen Anfragen,

Besuchen usw. zu retten. Diese Zeit haben meine Familie und ich genutzt, um irgendwo Wildnis hautnah zu erleben. Wenn ich das Arbeits- und Urlaubsverhalten meiner „normalen“ Mitbürger beobachtete, konnte ich einem oft krankhaft anmutenden Urlaubswahn, oft verbunden mit unglaublichem Freizeitstress, fast hypnotischer Fixierung auf Brückentage oder zwanghafter Arbeitsvermeidung nie etwas abgewinnen – die sichtbaren „Früchte“ derartigen Verhaltens waren mir zu dürftig, und nicht wenige dieser Urlaubfanatiker haben trotz aller nur möglichen Ruhephasen diese Welt schon lange vor mir verlassen. Was ich zum Glück noch erlebt hatte: In den 1950er Jahren, als kaum einer ein Auto besaß und das verdiente Geld geradeso zum Leben reichte, da wurde fast immer zuhause „geurlaubt“, bei Arbeit im Garten, Aufbereitung von Strichholz, Werkeln in Haus und Hof – und das meist mit großer Zufriedenheit.

Meiner Arbeitslust zugutekam immer meine angeborene Veranlagung zum Frühaufstehen. Dazu das wichtigste Beispiel: Da meine Frau Gabi, die mit mir zusammen im Institut arbeitete, beide Eigenschaften aufs Beste mit mir teilt, richteten wir uns ab 1995 unseren Arbeitstag folgendermaßen ein: Um 4:15 Uhr meldete sich der Radiowecker (heutzutage erst um 5:00 Uhr), der uns aber kaum wecken musste, um 5:00 Uhr verließen wir unser Haus in Billafingen, und um 5:30 Uhr waren wir meistens am Arbeitsplatz im Schloss. Gabi traf dann alle Vorbereitungen für die Scharen von Versuchsvögeln, und ich erledigte Büroarbeit. Bis um 7:00 Uhr Uli Querner zur täglichen Lagebesprechung erschien, waren alle erforderlichen Briefe auf Band diktiert – in morgendlich heiliger Stille konzentriert meist so, dass sie nach dem Schreiben durch die Sekretärin ohne Korrekturen verschickt werden konnten. Ab 7:30 Uhr war ich bereit für anfallende Tätigkeiten wie Nestersuche, Mithilfe bei der Aufzucht, Besprechungen mit Studenten usw. Da war bis Mittag viel geschafft, so dass ein Mittagsschläfchen fast immer Platz fand, ebenso am

Nachmittag eine Runde Waldlauf, verbunden mit Vogelbestandsaufnahmen. Und an dem langen, relativ stressarmen Nachmittag und Abend ließ sich nochmals viel erledigen, so dass selbst bei einem riesigen Arbeitspensum Zeit blieb für eine kleine Landwirtschaft mit Schafen, Garten- und Obstbau u. a. Übrigens wirkte der frühe Arbeitsbeginn ansteckend: Bei breit angelegter Gleitarbeitszeit, die wir schon lange vor offiziellen Regelungen einführten, war regelmäßig ab 6:30 Uhr schon ordentlich Leben im Institut.

Bei Arbeitslust gepaart mit Frühaufstehen waren „Fleiß" und „Zielstrebigkeit", typische Eigenschaften meiner Eltern, vorgegeben, und dazu kam natürlich Ehrgeiz – angestachelt durch zunehmenden Erfolg. Und Letzteren zu steigern bereitete mir großes Vergnügen und gelingt am besten durch zweierlei: Disziplin und Effizienz. Disziplin, da waren mir als Genussmensch – mit Vorlieben gleichermaßen für Wein, Weib und – weniger Gesang, aber dafür gutes Essen – enge Grenzen gesetzt. Aber Effizienz – was ließ sich da alles machen!

„Unser Laden" war straff organisiert – nicht militärisch, aber preußisch – und es gab kaum irgendwo Leerlauf, alle Mitarbeiter waren gut ausgelastet, ich war regelmäßig in allen Ecken mit zugegen und sooft es ging auch bei den praktischen Arbeiten wie Füttern der Vögel oder bei der Nestersuche mit dabei. Und selbstverständlich bei den Versorgungsarbeiten an allen Wochenenden und Feiertagen, wobei meine Frau und ich von allen Mitarbeitern am meisten im Einsatz waren. Das führte gegen Jahresmitte bisweilen zu interessanten Berechnungen. Während einige feststellten, dass sie von nun an für den eigenen Geldbeutel und nicht länger fürs Finanzamt arbeiteten, merkte meine Frau an, dass wir unsere vorgeschriebene Jahresarbeitszeit im Institut bereits abgeleistet hatten und von nun an unserem „Hobby" frönten. Der straffen Organisation der Arbeit im Institut war es zu verdanken, dass es selbst in unserer relativ kleinen Arbeitsgruppe möglich war, in einer ganzen Palette von Forschungsbereichen tätig zu sein, was dem Ansehen unseres Instituts sehr dienlich war, z. B. auch regelmäßig bei der Beurteilung durch den Fachbeirat. Bei aller „preußischen Disziplin": Es blieb genügend Zeit für eine tägliche Teerunde, meist verbunden mit einer Mitarbeiterbesprechung, und bei der oft anstrengenden Nestersuche gab es immer ein Feldpicknick mit Kaffee und „süßen Stückchen", von denen ehemalige Mitarbeiter bis aus den USA heute noch schwärmen. Übrigens der schönste Beleg dafür, dass unsere Arbeit zwar straff organisiert und anspruchsvoll, aber dennoch gut erträglich und machbar war: Die noch verbliebenen Mitarbeiter im Hause helfen auch heute noch ihrem alten Emeritus immer wieder gern aus.

Auch meine eigene Arbeit habe ich ganz auf Effizienz getrimmt. Die wichtigsten Maßnahmen waren: Ich arbeitete sowohl an einem Stehpult – dort erledigte ich die Verwaltungsarbeit – als auch an zwei bis vier Schreibtischen. Auf jedem Tisch lag Material für eine wissenschaftliche Arbeit oder ein Buch und in der Mitte die gerade in Arbeit befindliche Manuskriptseite. Hatte ich zwischen Terminen auch nur 15 Minuten Zeit, konnte ich mich an einen der Tische setzen und sofort ohne Räumerei die nächsten Sätze schreiben. So brachte ich fast jedes Jahr zehn bis 20 Publikationen zuwege, bis heute insgesamt 446, während viele meiner Kollegen nur mit einigen wenigen aufwarten oder sogar „Leerjahre" nicht vermeiden konnten.

Da ich seit meinen Seminarvorträgen beim Studium in Tübingen als „eloquent" und „begnadeter Redner" galt und seit meiner Schulzeit alles Wesentliche leicht aufnehmen und mir lange merken konnte, fasste ich 1971 einen wichtigen Entschluss: alle Vorträge – auch in Englisch – ohne Manuskript frei zu halten. Als „Gerüst" für die freie Rede präge ich mir die Reihenfolge der verwendeten Bilder ein, wozu meistens die Zeit während der Anreise ausreicht. Das hat nicht nur der Entwicklung meiner Vortrags-„Kunst" gutgetan und den Kontakt zu Zuhörern belebt, sondern vor allem das Zeit verschlingende

Schreiben von Manuskripten erübrigt. Dank meiner ruhelosen „Gosch", gepaart mit grenzenloser Begeisterung für die Vogelwelt, konnte ich immer leicht andere für unsere Scientia amabilis begeistern. Hartmut Wekerle sagte mir bei einem Besuch 2000: „Ihnen geht der Ruf voraus, einen Fundamentaltheologen, Teilchenphysiker usw. in einer Stunde zum begeisterten Ornithologen machen zu können – Sie haben das eben mit mir als Mediziner praktiziert!"

Mit das Schlimmste für mich unter Zeitgenossen sind eingebildete eierköpfige Fachidioten, also studierte Kollegen, die wie mit Scheuklappen versehen nur in ihrem eigenen Fachgebiet zuhause sind und dann auch noch meinen, sie könnten aus ihrem engen Blickwinkel heraus die Zusammenhänge unserer ganzen Welt erklären. Grauenvoll. Um auch nur dem Ruch derartiger Attitüde zu entgehen, versuche ich bis heute, mein Wissen und meine Erfahrungen so breit gefächert wie möglich aufzubauen. Deswegen wurde für mich seit meiner Schulzeit zunehmend klar: Wenn ich Vögel richtig verstehen will, dann muss ich auch ihren Lebensraum „begreifen" – also die Habitate, in denen sie sich aufhalten, Pflanzen und Tiere, die sie verzehren, oder wenn ich Naturschutz betreiben will, muss ich auch viel von dem Hauptkontrahenten intakter Natur wissen – der Landwirtschaft. Da Probieren ohne jeden Zweifel über Studieren geht und mir ja Arbeit Freude bereitet, habe ich im Laufe der Zeit zusammen mit meiner Familie versucht, in möglichst vielen Gebieten Erfahrungen zu sammeln: als systematischer „Jäger und Sammler", Gärtner, Obst- und Waldbauer, Tierhalter, Selbstversorger. Nach dem beschriebenen Sammeln von Kräutern, Pilzen und Vogeleiern, dem Studium von Orchideen, Moosen und Schnecken, folgten ab meiner Studienzeit in Tübingen:

› die systematische Beschäftigung mit einheimischen Pflanzen, die darin gipfelte, dass ich ab 1994 bis zu 1200 Arten in unserem Hausgarten kultiviert habe, um vor allem ihre Ökologie zu studieren;

- seit 1968 die Bestellung verschiedener Gärten zur Selbstversorgung mit allem möglichen Gemüse, von gängigen Formen wie Kartoffeln, Bohnen bis hin zu Pastinaken, Schwarzwurzeln, Herbstrüben u. a. Besonders Freude bereitet hat mir die Versorgung mit eigenem Salat 365 Tage rund ums Jahr: im Sommer die verschiedensten Sorten aus dem Freiland, im Winterhalbjahr in Erdballen umgesetzter Endiviensalat, Chinakohl aus einem frostfrei gehaltenen Treibhaus, seit 1980 die Bewirtschaftung von drei Hektar eigenem Land – ein Hektar Mischwald, zwei Hektar Wiese, knapp die Hälfte davon als Schafweide und Streuobstwiese. Auf der Weide, in Billafingen, das uns zum idealen Wohnort und Grundstein für den Biotopverbund Bodensee wurde, hielten wir Schafe neun verschiedener Rassen, um so mit unsere ältesten Haustiere kennenzulernen, und über 200 Lämmer deckten zusammen mit Kaninchen, Hühnern, Tauben und Forellen einen Gutteil unseres Fleischbedarfs. Zurzeit erfreuen uns Kamerunschafe als Weidetiere. Auf der Obstwiese stehen 80 zumeist selbst gepflanzte Hochstämme vieler alter Sorten, die ich z. T. umgepfropft habe und auch alljährlich selbst schneide. Und zwischenzeitlich unterhielt ich sogar einen kleinen Weinberg;
- seit 1959 der systematische Besuch fast aller NSG in Baden-Württemberg, zum Kennenlernen der „Perlen" unserer Natur und ihres Zustandes;
- seit 1955 das Aufsuchen aller Landschaftsteile Baden-Württembergs für gute Kenntnis meines gewählten Heimat-Bundeslandes, wobei ich darauf achtete, in jedem 10 x 10 Kilometerquadranten einmal gewesen zu sein. Dabei kam mir zugute, dass ich ab 1959 Wochenend-Wandertouren unternahm – in wilden Zeiten 50 Kilometer am Samstag, dann nächtigen im Minizelt in Gottes freier Natur, und nochmals 50 Kilometer am Sonntag – da ließ sich viel vom Ländle kennenlernen.

Diese Tätigkeiten, zusammen mit vielen Studien im Ausland, meistens in Verbindung mit Tagungen, halfen mir, Zusammenhänge in der Natur zu verstehen, ebenso die Wechselwirkungen von Mensch und Natur, und sie haben mich weitgehend davor bewahrt, über Dinge zu reden, von denen ich wenig verstehe. Gern hätte ich im Laufe der Zeit auch den Jagdschein gemacht, um gelegentlich ein Stück Wildbret selbst erbeuten zu können, aber dazu reichte leider die Zeit nicht.

Zum Schluss muss noch die wichtigste aller Voraussetzungen genannt werden: Ich hatte das große Glück, mit ausgesprochen robuster Gesundheit gesegnet zu sein, die mich sogar auch immer mal wieder den einen oder anderen Exzess gut überstehen ließ. Und ihr verdanke ich es auch, dass ich in 37 Dienstjahren am Institut einschließlich einer Blinddarmoperation nur knapp zwei Wochen wegen Krankheit fehlen musste.

Ja – und über besonders günstige Umstände, die der Vogelwarte immer wieder weitergeholfen haben, wie z. B. Aschoffs Bereitschaft, sich um das Institut zu kümmern, der Entschluss der Kommission „Zukunft Seewiesen", sich die Vogelwarte einmal selbst anzuschauen, oder das Auftauchen der Vogelgrippe am Bodensee just zur rechten Zeit, darüber wurde schon berichtet, und die bedeutendsten Förderer und Freunde des Instituts werden noch genannt.

Von Niki bis Kiki – in Harmonie mit Familie von Bodman

Was für ein Glücksfall, dass die in Rossitten heimatlos gewordene Vogelwarte von Nikolaus von und zu Bodman und seiner Familie in Schloss Möggingen bei Radolfzell aufgenommen wurde! Was für eine altehrwürdige Adelsfamilie in Süddeutschland, auf deren Namen sogar der des Bodensees zurückgeht, als neuer Partner und was für ein historisches Umfeld als neue Bleibe für eine Vogelwarte! Das kleine Dorf Möggingen entstand wohl im dritten oder vierten Jahrhundert als alemannische Siedlung, und die „Feste", später Wasserburg und seit dem 16. Jahrhundert „Schloss Möggingen" genannt, wurde erstmals 1363 urkundlich belegt, ist aber viel älter, und möglicherweise ruht der Schlossturm auf römischen Grundmauern. Bereits 1960 konnte die Gemeinde ihre 1100-Jahr-Feier begehen.

Die Geschichte der Freiherrn von Bodman ist seit dem 13. Jahrhundert dokumentiert und führt über Frischhans zu Hans Jakob und Itelhans usw. Hans Jakob der Ältere und sein gleichnamiger Sohn standen nicht nur im Heere Maximilians zu Diensten, sondern waren auch „bei unzähligen Schiedsgerichten Vermittler und Schiedsrichter". Das wirft ein besonderes Licht auf die Familie, ebenso die folgende Überlieferung: „Während des Bauernkriegs ... empörten sich die Bauern in allen Gemeinden der Reichsherrschaft, mit Ausnahme jener von Bodman und Espasingen ... Güttingen und Möggingen." Die von Bodmans waren also seinerzeit weder Raubritter noch Haudegen, weder unbarmherzige Landvögte noch Winkeladvokaten, sondern das Gegenteil: angesehene, beliebte Herrschaft. Und offensichtlich mit entsprechendem Erbgut ausgestattet haben wir unsere drei Generationen derer von Bodman erfahren, von Nikolaus – in der Bevölkerung liebevoll „Niki" genannt – über Konrad, seinen Sohn, bis zum Enkel Christian, kurz „Kiki", und seinen beiden Schwestern Anette und Bettina: überaus freundlich, warmherzig, immer aufgeschlossen und hilfsbereit, nie unbequem und in mancher Hinsicht fast gutmütig.

Deswegen fällt es auch schwer, aus Sicht der Vogelwarte von „Hausherren" zu sprechen – die von Bodmans traten so wenig herrschaftlich oder gar herrisch auf, dass wir Vogelwartler uns mit ihnen im Schloss immer in einer freundschaftlich familiären Atmosphäre wohlfühlen konnten. Im Gegenteil: Manchmal mussten sich die Schlossbesitzer energisch gegen die Flöhe zur Wehr setzen, die sie sich mit dem Institut in den Pelz gesetzt hatten. Als mir Niki großzügig Platz für den Bau von Volieren für die Doktorarbeit überließ, stellte später seine Frau Monika fest, dass sie wegen der Volieren nicht mehr an ihre Spalierobstbäume an der Schlossmauer herankam. Da war dann ein kleiner Umgehungsweg mit Treppe als Abhilfe vonnöten. Später gab es Wehklagen, nachdem ich die besonders großen Ebereschenbeeren aus dem Schlosshof an meine Stare verfüttert hatte: Dadurch fiel eine köstliche Beilage zu Wildbret aus, und als ich reumütig Ersatz aus Wäldern besorgte, half das nichts – diese nicht veredelten Beeren taugten nicht.

Richtig Ärger gab es, als „Onkel Josef" (Szijj) 1967 in seiner ungarischen Unbekümmertheit, ohne Niki zu fragen, im Schlosspark einen Bagger anrollen ließ, um einen Ententeich ausheben zu lassen. Da rief der Baron seinen Sohn Konrad um Hilfe, der aus Andechs herbeieilte, wo er an seiner Dissertation arbeitete, und ließ uns wissen: So etwas gäbe es später mit ihm als Schlossherr bestimmt nicht! Ob dem so wäre – wir wissen es nicht. Wir haben nie mehr ungefragt einen Teich im Park ausgehoben – wobei der seinerzeitige übrigens später Nikis absoluter Lieblingsplatz im Schlossbereich wurde, mit herrlichen Enten und einer Graugans von Konrad Lorenz als Geschenk. Und Konrad wurde nach Nikis Tod 1988 und Einzug ins Schloss seinem Vater in seiner wohlwollenden Art längst so ähnlich, dass wir uns wohl inzwischen an einem zweiten Weiher versuchen könnten …

Einen ordentlichen Schrecken bekamen wir, als es 1973 hieß: Konrad hat geheiratet und seine Frau Christiane sei streng, und mit ihr würde sicher in Möggingen bald ein neuer Wind wehen. Neuer Wind ja, aber kein Gegenwind. Als in der Schlossmühle ihre Mutter mit einzog, eine außergewöhnlich patente, kluge und bescheidene

Dame, konnten wir an ihrer sympathischen Erscheinung schon bald Hoffnung schöpfen für die künftige Entwicklung ihrer Tochter … Und heute können wir in bester Freundschaft nur herzlich über gewisse Anfangsängste lachen.

So wie Möggingen mit seinem früheren Vogelreichtum ein Eldorado für eine Vogelwarte im Allgemeinen war, so waren Schloss und Park das ideale Zentrum für ein ornithologisch-ökologisch ausgerichtetes Institut. Von dem einen Zimmer ausgehend, das der Vogelwarte 1946 bei ihrem Neubeginn zur Verfügung stand, kam es allmählich zur „friedlichen Übernahme" von mehr als der Hälfte des Bodman'schen Besitzes im Schlossbereich. Die Familie bewohnte stets den ersten Stock, die Vogelwarte residierte im zweiten, mit Ausnahme der Familienbibliothek, die das Institut aber mit ihrer dekorativen Ausstattung für festliche Anlässe mit nutzen konnte. Den großen Schlosskeller haben wir zu drei Viertel übernommen – mit Tierversuchsräumen, Materiallager u. a., das Erdgeschoss und das dritte Stockwerk je zur Hälfte, den Dachboden zur Gänze als Lagerraum. Im Außenbereich wurde der ehemalige Eiskeller unsere Werkstatt, der Hundezwinger Käfigwaschanlage, an der Schlossmauer installierten wir Klimakammern, das kleine Forsthaus und die Scheune im Innenhof nutzten wir zur Hälfte für Mitarbeiter, als Materiallager und Garage, ebenso den Schlosshof für Schau- und Storchengehege. Mit meinem dauerhaften Einzug ins Institut 1967 wurde „Blackcap-City" am Rande des Parks auf etwa einem Hektar Fläche aufgebaut, später kamen dort noch Versuchsteiche für Vogelgrippestudien sowie eine Fanganlage mit festen Stegen hinzu. Ab 1991 konnten wir die alte Schlossmühle dazupachten – das brachte elf zusätzliche Räume für Mitarbeiter. Der Park mit seinem Vogelreichtum und die umliegenden Wäldchen, Hecken und Schilfgebiete waren ideal für Studenten für Examensarbeiten, und in einer großen Feldhecke betrieb die Vogelwarte eine Zeitlang eine Helgoland-Reuse. All das war einmalig, unwiederbringlich und wird für diejenigen, die es nicht miterlebt haben, auch bei bester Schilderung letztlich unvorstellbar bleiben.

Als die Vogelwarte Ende 2011 aus dem Schloss aus- und in einen 2010 begonnenen Neubau umzog, hat der Präsident der MPG, Peter Gruss, meiner Frau und mir einen großen Gefallen getan: Wir konnten mein letztes Jahr mit offiziellem Emeritus-Arbeitsplatz bis Ende 2012 im Schloss verbleiben, um dem Umbautrubel zu entgehen. Wie alle Jahre sind wir dann am 31. Dezember nachmittags letztmals als Institutsmitarbeiter aus den gemieteten Vogelwarte-Räumen die Schlosstreppe hinuntergegangen, um das Arbeitsjahr mit einem Rundgang im Park zu beschließen. Das war 67 Jahre nach dem Einzug des Instituts ins Schloss 1946. Inzwischen strahlen die ehemaligen Vogelwartenräume in nie zuvor gekanntem Glanz: als künftige Wohnung für Kiki und seine 2014 frisch angetraute Frau. Als 1967/68 mein Arbeitszimmer im Schloss renoviert wurde, kamen unter Tapetenresten alte Zeitungen zutage und darunter feine Härchen – sie stammten von gerührtem Ochsenblut, das man früher als Bindemittel für den Verputz verwendete. Wenn man später einmal Kikis Wohnung umtapeziert, könnte man auf Ähnliches stoßen: auf Herzblut – von uns.

Natürlich gibt es aus der langen Zeit, in der wir als „Schlossgeister“ unser Wesen und Unwesen trieben, sackweise Schnurren und Geschichten – sie würden leicht ein Buch füllen. Sei es, dass wir Barons zur Fasnet vor dem Schlafzimmer einen von innen beleuchteten Rehbockkopf installiert oder den Rumtopf von Ilse Posingis mit frisch geborenen jungen Mäusen bereicherten, die zunächst – zusammengerollt – Kirschen sehr ähnlich sahen, aber beim Kauen natürlich feine Knöchelchen aufwiesen … Aber ich will mit einer Geschichte enden, die Niki aufs Herzlichste erfreute. 1983, an seinem 80. Geburtstag – großer Empfang, Gratulationskur, wertvolle Geschenke –, konnten wir ihm von Konrad Lorenz eine Graugans für seinen geliebten Ententeich überreichen. Als Niki in seiner Dankesrede sagte, diese Gans sei ihm das liebste Geschenk, gab es bei einigen, die sogar Vergoldetes angeschleppt hatten, lange Gesichter. Als er dann darum bat, die Gans für ein Pressefoto nochmals aus dem Sack zu holen, in dem wir das äußerst bissige Tier verwahrten, geschah, was wir schon vorausgesehen hatten: Eine wohlbekannte, eher mäßig beliebte und als fürwitzig geltende ältere Adelsdame trippelte eilfertig zu uns und posierte flugs neben der Gans, um ja mit auf das Foto zu kommen. Ich hielt die Gans fest am Hals, so, dass ihr Kopf ganz in die Nähe der Nase der Dame kam – und ließ dann vor dem Foto kurz los. Die Gans biss sofort in die Nase – und darüber hat sich Niki herzhaft gefreut. Aber so richtig Freude kam auf, als ich ihm sagte, ich hätte die Gans eigens für diesen Biss erst richtig in Stellung gebracht und dann absichtlich losgelassen. Und auch bei unserer Beschreibung von der anschließend standesgemäßen Nase der Dame, nämlich blaublütig – hat es ihn herzhaft vor Lachen geschüttelt.

Ebo und ich: fruchtbare Kameradschaft

In dem 2013 erschienenen Buch von Birkhead et al., „Ten Thousand Birds – Ornithology since Darwin“, schreiben die beiden holländischen Vogelkundler Rudi Drent und Serge Daan, die uns jahrzehntelang gut gekannt haben, über Ebo und mich: „The extended collaboration of these ‚scientific twins‘ had a stimulating but also corrective influence as the two investigators kept each other on their toes. … In approach and temperament the two differed, but in many ways their efforts were complementary and we must acknowledge the wisdom of the Max Planck philosophy in allowing the two sister departments an existence on their own providing the ideal environment for an element of healthy rivalry. In retrospect the three constellations (the Wiltschkos at Frankfurt … Gwinner … and Berthold …) interacted to provide a series of breakthroughs that underlined the special power of imaginative experimentation with hand-raised birds on a scale never witnessed before.“

Diese kurze Charakteristik enthält viel Wahres und nichts Falsches und ist daher als Einstieg in dieses Kapitel gut geeignet.

Ebo und ich, wir lernten uns schon in der Schulzeit als jugendliche Vogelfreunde kennen, arbeiteten gegen Ende unseres Studiums viel zusammen und hatten auch während Ebos Doktorarbeit in Walddorf privat viel miteinander zu tun. Ab 1967 waren wir beide im MPIV tätig und entwickelten mit Feuereifer gemeinsam Forschungsprogramme, um vor allem auch die Existenz der Vogelwarte zu sichern – für mich als Arbeitsplatz und Idol seit meiner Schulzeit, für Ebo wohl auch als Institut, auf dessen Örtliche Leitung er hinarbeitete. Seit unserem Zusammentreffen in Tübingen und bis zu Ebos Wechsel in die USA 1969 wurden wir gute Kameraden. Wir haben gern gemeinsam Ideen entwickelt, uns unterstützt, mit Vergnügen zusammen gezecht, aber zu einer echten Freundschaft kam es nie. In unserer Tübinger Zeit war Ebo dafür noch zu sehr Freunden in seiner Heimatstadt Ludwigsburg verbunden; als Ebo nach der Promotion in Andechs und ich in Stuttgart tätig waren, hatten wir zu wenig Kontakt dazu, und unsere gemeinsame Arbeitsphase ab 1967 endete dafür zu früh durch Ebos Weggang in die USA.

Nach seiner Rückkehr ist unser Verhältnis deutlich abgekühlt. Ebo war nicht begeistert, dass ich während seiner Abwesenheit einen sehr erfolgreichen „Alleingang“ im gemeinsam entwickelten Grasmückenprogramm gemacht hatte, andererseits sah er ein, dass dies für das Überleben der Vogelwarte absolut notwendig war. Hätte ich die Programme schleifen lassen oder wäre auch ich zu dieser

Zeit ein paar Jahre ins Ausland gegangen, hätte die Vogelwarte so gut wie sicher die Ära Aschoff nicht überstanden.

Mit Ebos Rückkehr aus den USA hat unsere Zusammenarbeit merklich nachgelassen. Er spezialisierte sich mehr und mehr auf physiologische und neurobiologische Aspekte, und damit begann, was die o. g. Autoren als „gesunde Rivalität" bezeichneten: auch weiterhin viel gemeinsame Planungen, Abstimmungen sowie konzertierte Aktionen in Bezug auf den Erhalt und die Weiterentwicklung unserer Institute, aber zunehmend Wettbewerb zwischen unseren Abteilungen, vor allem auch im Hinblick auf die Beurteilung alle zwei Jahre durch unseren gemeinsamen Fachbeirat. Aber – auch als wir später gleichberechtigte Direktoren waren, hatten wir gegenüber den Seewiesener Vorgängern, die großenteils hoffnungslos zerstritten waren, immer einen Riesenvorteil. Wir hatten uns nämlich als „alte Saufkumpane aus Tübinger Studentenkneipenzeiten" mit manch gemeinsamem Streich fest darauf geeinigt: Komme, was wolle, und seien wir auch noch so verschiedener Ansicht, dass wir vielleicht sogar eines Tages streiten müssten – so wollten wir uns dennoch nie zerstreiten, sondern auf alle Fälle immer nach einem gemeinsamen Weg suchen. Diese Vereinbarung entsprach eigentlich der einer Ehe, die vor allem auf Vernunft basiert. Und so haben wir es denn auch immer gehalten, und darauf waren wir mächtig stolz – ich meine zu Recht, denn es war nicht immer einfach und schon gar nicht selbstverständlich.

Ebo hat viel unter unserer Arbeit in Radolfzell gelitten. Wir hatten das große Glück, mit unseren Mönchsgrasmückenstudien das große Los gezogen zu haben, so dass wir dann insbesondere mit den Neulandarbeiten im Bereich der Populationsgenetik und der experimentellen Evolutionsforschung Furore machen konnten. Dadurch stach die Radolfzeller Gruppe durch viele Preise und Ehrungen, die ihr zuteilwurden, hervor, und da wir uns zudem gut verkaufen konnten, wurde „Die Vogelwarte“ ein Begriff nicht nur in der Wissenschaft, sondern auch in der Öffentlichkeit.

Zu dieser Popularität hat dreierlei besonders beigetragen, das Ebo eher gering einschätzte oder sogar kategorisch ablehnte: starker Einsatz für Vogel- und Naturschutz, populärwissenschaftliche Darstellungen in Vorträgen und mit Hilfe der Medien und das Verfassen von Büchern. Ebo schätzte Bücher, da von manchen Repräsentanten der MPG als „sekundärwissenschaftlich“ abqualifiziert, als fast schon schädlich für die wissenschaftliche Karriere ein. Als sich eine Neuauflage unseres mit Schüz verfassten „Grundriss der Vogelzugskunde“ durch Probleme beim Parey-Verlag zerschlug, zeigte er zunächst keinerlei Interesse an einer Ersatzlösung. So blieb es mir überlassen, nach einer neuen Möglichkeit Ausschau zu halten, die sich mir mit einer Offerte von der Wissenschaftlichen Buchgesellschaft bot. Als dann ab 1990 aus meinem „Vogelzug“ ein Klassiker wurde – inzwischen in der 7. Auflage erschienen –, von mir weitere Bücher über Vogelzugthemen folgten und vor allem Markl als MPG-Präsident zusammenfassende Bücher als besonders wertvoll hochlobte –, da sagte mir Ebo, er hege die Idee, nun irgendwann auch ein eigenes Vogelzugbuch zu schreiben. Daraus ist allerdings nie etwas geworden. Wenn es seine Zeit erlaubte, liebte er es viel mehr, Symposien mit Fachleuten zu organisieren wie etwa Gordon-Konferenzen in den USA.

Einmal hatte sich Ebo richtig Ärger mit der Vogelwarte und auch mit mir eingehandelt, nämlich als er nach seinem kurzen Gastspiel als Örtlicher Leiter bei uns nach Andechs zurückbeordert wurde und dabei zweierlei vorhatte: Erstens wollte er die hoch eingestufte Stelle unserer Fremdsprachensekretärin „mitnehmen“, wodurch unsere Beringungszentrale amputiert worden wäre, und zweitens gedachte er, unsere traditionsreiche Hauszeitschrift „Die Vogelwarte“ (in der Rossitten-Ära „Vom Vogelzug“) einzustellen, um die gesparten Mittel für die laufende Forschung zu verwenden – das hätte Vogelkundler in aller Welt schockiert. Zum Glück musste ich dagegen nichts unternehmen – Thielcke und Schlenker hatten ihn schon wissen lassen, dass ihn das die Freundschaft aller Vogelwartler kosten würde, und das half. Und bitter enttäuschend für uns war eine brüske Ablehnung von Ebo. Als Markl seine Präsidentschaft bei der MPG beendete, kam in ihr die Idee auf, ihn zum Auswärtigen Wissenschaftlichen Mitglied unserer FfO zu machen. Markl signalisierte, dass er das liebend gern tun würde, aber Ebo lehnte ab und war durch nichts zu erweichen. Er sagte auch klipp und klar, dadurch würde ihm die Achse Vogelwarte-Markl-MPG zu stark. Markl hat sich darüber sehr gegrämt.

Eine ganz große Hilfe war Ebo der Vogelwarte, als sie nach der Berufung von Gahr und Kempenaers wieder zur Außenstelle degradiert wurde. Da hat er sich mit mir fest zusammengeschlossen, so dass wir uns „wie ein Mann, mit einer Zunge sprechend" bei den neuen Direktoren und den Gremien der MPG vehement für eine Minimalausstattung der Vogelwarte einsetzen konnten. Die Pläne dafür schmiedeten wir bei „Exerzitien" in Bad Wurzach, zu denen es folgendermaßen kam: Leider hatte sich Ebo mit dem Näherrücken seiner Emeritierung immer mehr Arbeit aufgebürdet. Als sich durch unsere Mönchsgrasmücken-Zuchtversuche große Erfolge in der Genetik und der Evolutionsbiologie einstellten, begann Ebo ein ähnliches Programm mit Schwarzkehlchen zu starten – als „Hobby", wie er mir gegenüber betonte, nicht als Institutsprogramm.

Bald aber nahmen ihn diese Studien mehr und mehr in Anspruch, ohne dass andere nachließen, im Gegenteil, es kamen noch weitere hinzu wie Arbeiten am neuen Windkanal in Seewiesen u. a. m. Dieses Übermaß an Aktivitäten machte selbst mir, gewiss an viel Arbeit gewöhnt, Angst und Bange. Und Ebo wurde durch dieses über alle Maßen Eingespanntsein immer rastloser. Längst hatte ich alle Anläufe aufgegeben, ihn noch einmal zu einer früher heiß geliebten Tour zur Auerhuhnbalz oder auch nur zu einer kurzen Exkursion zu Berglaubsängern in den Hegau zu animieren. Machte ich ihm einen Vorschlag, fand er das toll, bat aber um Aufschub, da er zurzeit zu viel zu tun habe. Auch ein gemütlicher Abend, etwa bei unseren MPG-Sitzungen, war bald nicht mehr möglich, weil er von Termin zu Termin eilte.

Gegen Ende unserer gemeinsamen Zeit litten auch Treffen in seinem Institut so unter Zeitdruck und Störungen wie eingestreute Gespräche, eingehende E-Mails usw., dass Abhilfe vonnöten war. Wir fanden sie in Bad Wurzach, genau in der Mitte zwischen Andechs und Radolfzell gelegen – und zwar im Salvator-Kolleg, bei unserem väterlichen Freund, dem Jesuiten-„Vogel"-Pater Agnellus Schneider. Dort konnten wir uns im Dachgeschoss in Exerzitienräumen ein paar Stunden in aller Herrgottsruhe ohne Störung, sogar unbehelligt von Handygebimmel, eingehend über Dinge unterhalten, die wirklich wichtig waren. Das hat uns beiden sehr gut getan. Ich habe mich nach diesen Klausurtagungen anschließend gern noch mit Pater Agnellus irgendwo im Städtchen zu einem Mittagessen zusammengesetzt – aber immer ohne Ebo, der dringend wieder zurück ins Institut musste.

Kurz zusammengefasst: Ebo und ich, wir haben uns wahrscheinlich zu keiner Zeit innig geliebt, aber egal, ob wir uns kameradschaftlich mal mehr, mal weniger verbunden waren, wir haben uns immer sehr respektiert und vor allem im Hinblick auf den Einsatz für unsere Institute hochgeschätzt. Zu unserem immer ordentlichen Umgang miteinander hat auch sicher beigetragen, dass wir überwiegend in räumlich getrennten „Reichen" arbeiten konnten, wodurch viel Reibung vermieden wurde. Wenn die o. g. Autoren von einer „healthy rivalry" zwischen uns beiden sprechen, und damit wohl „edlen Wettstreit" oder „förderlichen Wettbewerb" meinen, dann trifft das ganz gut zu. Und auch da, wo der Wettstreit mehr zu Wettkampf, Rivalität und Konkurrenz tendierte, förderlich fürs Institut blieb er allemal. Ich wage mir nicht vorzustellen, was in unseren Arbeitsbereichen alles nicht geworden wäre, hätte es den ständigen Herausforderer in der anderen Institutsabteilung nicht gegeben!

So haben Ebo und ich im wechselnden Mit- und Gegeneinander für gemeinsame Ziele viel erreicht. Mich hat das zutiefst befriedigt und mit meiner Emeritierung mit Genugtuung einen dicken Schlusspunkt hinter die seitherige Institutsarbeit setzen lassen. Allerdings: damit ich mich voll und ganz schon lange angedachten neuen Aufgaben widmen konnte – Vogel- und Naturschutzstrategien. Sie sind mir in den letzten zehn Jahren zu einem zweiten Beruf und zu einer regelrechten Berufung geworden. Einen solchen Ab- und Übergang in ein ruhigeres Fahrwasser mit der Emeritierung – das hätte ich auch Ebo von Herzen gewünscht, aber vielleicht hat er es inzwischen ja längst erreicht.

Ideale Mitarbeiter

Was den Rahmen dieses Buches sicher sprengen würde: die Arbeiten aller wissenschaftlichen Mitarbeiter der Vogelwarte auch nur kurz zusammenfassend darzustellen und gar auch noch ihre Bedeutung für das Institut zu werten. Wer sich einen Überblick über die Vogelwarte-Forschung verschaffen möchte, kann das leicht tun – die Publikationen sind lückenlos in den Jahrbüchern der MPG veröffentlicht. Auf die Tätigkeit der Wissenschaftler in der Zeit der Neugründung der Vogelwarte – Schüz, Kuhk, Zink, Szijj –, die nach der Erweiterung des Instituts ab 1964 – Löhrl, Thielcke, Rheinwald – und auf die einer Reihe jüngerer Mitarbeiter wurde zudem oben eingegangen.

Bleibt noch Bernd Leisler, der 1970 aus Wien zu uns stieß und bis zu seinem Ruhestand 2007 verblieb. Seine Hauptarbeitsgebiete waren die Ökomorphologie und die Biologie der Rohrsänger. Erfreulicherweise hat er in seinem „Unruhestand" zusammen mit Schulze-Hagen wesentliche Ergebnisse seiner Studien in dem Buch „The Reed Warblers" (2011) zusammengefasst, das sehr gewürdigt wird. Leislers Arbeiten waren stets eng mit den Hauptstoßrichtungen der Institutsarbeit verzahnt, und als „eingefleischter Vogelwartler" arbeitete er auch viel mit ehrenamtlichen Mitarbeitern zusammen.

Ich habe oft davon geschwärmt: ein paar hervorragende wissenschaftliche Assistenten, einige ausgezeichnete TA, eine Spitzensekretärin, etliche fleißige, begeisterte studentische Mitarbeiter und einen Alleskönner in der Werkstatt und als Hausmeister – und „der Laden müsste laufen"! Oder in anderen Worten: Eine kleine, gut überschaubare, äußerst effiziente Arbeitsgruppe, mit Anklang an einen Familienbetrieb – das sollte Erfolge versprechen. Und genau das einzurichten, ist im Laufe der Zeit gelungen. Das war nicht leicht und schon gar nicht in den Schoß gefallen. Von bescheidenen Anfängen – einer TA, finanziert von der DFG, 1968, bis zu fünf gleichzeitig in unserer Gruppe auf Drittmittelbasis arbeitenden TA – war es ein weiter Weg. Dafür mussten enorme Drittmittel beschafft werden, die Erfolg in hartem Wettbewerb erforderten.

Eines meiner obersten Prinzipien war: Mitarbeiter zu suchen, die für die Arbeit an der Vogelwarte besonders geeignet waren, also Vögel liebten, „ornithomanisch" veranlagt waren und die Arbeit bei uns als Privileg ansahen. Zudem gab es viele besondere Anforderungen: äußerst gewissenhafter Umgang mit Versuchsvögeln – sie waren schließlich unsere wichtigsten „Mitarbeiter", auf denen der Großteil der Existenz unseres Instituts basierte, zudem als Ergebnis langer Zuchtreihen oft zigtausend DM/€ wert. Dann waren die vielen Vögel natürlich schon frühmorgens und an Wochenenden und Feiertagen zu versorgen, die viele Freilandarbeit verlangte „wetterfeste" Naturen, und da wir stets relativ Wenige waren, gab es kaum Möglichkeiten für Spezialisierungen. Nahezu jeder half mit, Vögel zu versorgen, die meisten gingen mit zur Nestersuche usw., und das hatte große Vorteile: Es gab keine „niedere" Tierpfleger- und keine „gehobenere" Büro- und Verwaltungs-„Kaste", sondern eine Gemeinschaft gleichwertiger Vogelwarte-Mitarbeiter. Die Verwaltung wurde von einer effizienten Halbtagskraft erledigt, die auch noch regelmäßig in der Vogelbetreuung mithalf. Solche Multitalente zu finden gelang selbst damals oft nicht auf Anhieb, verlangte manchen Austausch, der auch mal zu heftigen Protesten führte, sich aber letztlich immer auszahlte.

So war es etwa mit dem Technischen Leiter der Beringungszentrale – Rolf Schlenker – nach dem Ausscheiden von Sonnabend 1967. Er war der „dritte Anlauf" für diese Stelle, und ohne ihn, seine speziellen Kenntnisse in der Vogelkunde und der Fachliteratur, seine Identifizierung mit all seinen Aufgaben, hätten wir das MRI-Programm nicht durchführen, unsere ehrenamtlichen Mitarbeiter nicht zu vorbildlicher Arbeit für ganz Deutschland entwickeln und unsere Institutsbibliothek nicht hervorragend ausbauen können.

Einen ähnlich „guten Fang" haben wir mit Uli Querner gemacht. Als Spross einer Biologenfamilie – der Vater war Professor für Geschichte der Biologie an der Uni Heidelberg, die Mutter als Biologin im Höheren Lehramt tätig – war er zunächst Zeithelfer im Institut. Er arbeitete von Anfang an dermaßen effizient im Grasmückenprogramm mit, dass ich ihn 1970 vom Kommiss loseisen und auf eine große Nestersuchaktion nach Frankreich mitnehmen konnte. Zum Glück nahm er dann, auch auf Betreiben seiner Mutter, ab 1976 eine feste Stelle im Institut an. Ohne ihn wären die umfangreichen Grasmückenstudien im Freiland, viele Arbeiten auf den Fangstationen sowie zahlreiche Expeditionen ins Ausland gar nicht oder zumindest nicht so erfolgreich möglich gewesen. Weitgehend eigenständig arbeitete Uli dann in der Satelliten-Telemetrie, die wir ab 1990 zusammen mit Nowak aufbauen konnten. Uli wirkte an zahlreichen Untersuchungen wie ein Wissenschaftler mit und wurde daher Koautor vieler Arbeiten, ebenso wie auch Rolf Schlenker und Gabi Mohr, wie die Veröffentlichungsliste zeigt.

Trotz der hohen Anforderungen an Mitarbeiter haben wir viele „Perlen gefischt", die hervorragende Arbeit leisteten. Zu den besten langjährigen Mitarbeitern gehörten anfänglich Melanie Hirling (geb. Hafner), Elisabeth Bandorf (geb. Bäuerle), Wolfgang Friedrich (der später zum BUND wechselte), Rosi Klauck (geb. Langfeldt), später unser „Engel" als Sekretärin Claudia Engele, Edith Sonnenschein, Evi Fricke und Tanja Vogler (geb. Schöller, beide noch heute bei Martin tätig, Tanja heute als Leiterin der gesamten Tierhaltung). Etliche davon haben einen sehr großen Teil ihres Arbeitslebens bei uns verbracht, so Monika Krome (noch heute im Institut), Silvia Maass (geb. Lehr), Inge Österreich (geb. Voncken), Ute Hückler, von 1959 bis 1998 und noch zeitweilig bis 2014, sowie Luise Weidele, die 1962 bei Löhrl anfing und bis kurz vor ihrem Tod 2014 noch in Martins Gruppe aushalf.

Auch aus den Reihen der ehrenamtlichen Mitarbeiter sind immer wieder hochgeschätzte Vogelspezialisten zu uns gekommen, so schon 1946 Hans Sonnabend, später bei Löhrl Rudi Kull, Klaus Wüstenberg, Achim Beckert und schließlich Karl-Heinz Siebenrock, der erst 2015 altershalber ausschied, sowie Andreas Schmid, der heute bei Martin in Diensten ist. Für die überaus wichtige Funktion Hausmeister, Chauffeur und Werkstattmann konnten wir nach Werner Rath den „Allrounder" Egon Weber gewinnen und, als es danach an Männern haperte, als erfreulichen „Fang" die Mechanikerin Heidi Schmid von einer großen Radolfzeller Firma. Manche unserer Mitarbeiter wechselten ihre Hauptarbeitsgebiete mehrfach und z. T. in völlig neue Bereiche hinein. So wurde Wüstenberg vom Nistkastenkontrolleur allmählich zum „Hoffotografen", später Aufgabe von Uli und Monika Krome. Monika startete als TA in der Bioakustik, war später unsere Computerfachfrau und führte 2000 mit mir für den Festvortrag in Berlin die Powerpoint-Präsentation bei uns ein – lange vor vielen anderen MPI, und heute ist sie in der Beringungszentrale tätig.

Von den 63 von mir betreuten Doktoranden und Diplomanden waren etliche der Institutsarbeit besonders förderlich. So etwa mein erster Doktorand Franz Bairlein, der heute das Institut für Vogelforschung in Wilhelmshaven leitet und mit uns eng verbunden ist. Der leider viel zu früh verstorbene Andreas Helbig leitete nach seiner Doktorarbeit bei uns die Vogelwarte Hiddensee, so dass die drei deutschen Vogelwarten eine Zeitlang praktisch „Familienbetrieb" waren.

Von meinen Doktoranden seien elf weitere kurz kursorisch aufgeführt und charakterisiert: Detlef Brensing – Kumpan vieler Reisen und langjähriger Helfer im MRI-Programm; Tim Coppack – herausragender Mitarbeiter bei anspruchsvollen Versuchen z. B. zur Klimaerwärmung; Wolfgang Fiedler – Mitarbeiter vor allem im MRI-Programm, von 2005 bis 2008 Örtlicher Leiter der Vogelwarte und bis heute Leiter der Beringungszentrale und 1992/1993 als „Pionier" in Rybachy (früher Rossitten) tätig; Gunter Fliege – Wegbereiter vieler unserer Anfangsarbeiten in der Statistik und EDV; Marc Förschler – Spezialist für „schwierige Arten", heute uns verbundener Biologe im „Nationalpark Schwarzwald"; Martin Heim – praktizierender Tierarzt, zeitweilig Haustierarzt der Vogelwarte, heute guter Geist unserer Schafe, Hunde und gelegentlich bester Diagnostiker von mir; Michael Kaatz – unser Storchenmann bei der Telemetrie, heute Biologe im Storchenhof Loburg; Willem von den Bossche – Storchenforscher in Israel und Fernost; Francisco Pulido, unser wichtigster Mitarbeiter im Bereich der Genetik; Michael Widmer – „Alpinist" im

Grasmückenprogramm, jetzt bisweilen Mitarbeiter im „Biotopverbund Bodensee“, und Petra Wurst – unsere Verbindungsfrau zur „Vogelwarte“ in Rybachy.

Darüber hinaus wurden in der Vogelwarte weitere je rund 25 Doktoranden und Diplomanden betreut, die meisten (zwölf bzw. 15) von Leisler, der nach seiner Habilitation 1985 als Uni-Dozent in Wien und Innsbruck wirkte, die restlichen von Löhrl und Thielcke. Löhrls Doktorand Jochen Hölzinger wurde der „Landesvater“ der Avifauna von Baden-Württemberg, von Thielckes Doktoranden machte vor allem Peter Becker Karriere bei Bairlein in Wilhelmshaven, und Hans-Günther Bauer wurde unser Mitarbeiter im Bereich Vogelschutz. Von Leislers Schülern sind besonders zu nennen Norbert Schäffer als prominenter Vogelschutzvertreter und Herausgeber der Zeitschrift „Der Falke“, der vielseitig im Feld tätige Volker Salewski sowie Wolfgang Forstmeier am MPI in Seewiesen und Martin Schaefer an der Uni Freiburg.

Wiederum ein Buch füllen würde die Auflistung und Charakterisierung der sogenannten Zeithelfer – heute geringfügig Beschäftigte, von denen in der Vogelwarte Hunderte mitgearbeitet haben: Schüler, Studenten, Rentner, Hausfrauen, Lebenskünstler u. a. Sie halfen meist bei der Aufzucht mit, also von etwa April bis August, oder unterstützten die „Beringer“ auf den Fangstationen von Juni bis November. Nicht wenige kamen immer wieder zu uns und waren uns insgesamt eine riesengroße Hilfe. Ihre Mitarbeit reichte von ganzjährig bis zu einem Tag – Letzteres etwa, wenn sie den „Mehlwurm-Test“ nicht bestanden: Mehlwürmer, also Mehlkäferlarven, auf der Hand krabbeln lassen, unabdingbar für das Füttern unserer Grasmücken. Einmal bat eine Dame darum, ein paar Krabbeltiere mit nach Hause nehmen zu dürfen, um mit ihnen zu „üben“. Am nächsten Tag meinte sie, es habe nicht viel geholfen, die Finger ließen sich beim besten Willen nicht zum Festhalten schließen. Ich nehme an, bei so viel gutem Willen hat sie anderswo gute Karriere gemacht.

Ein „millionischer" Schatz

Die Vogelwarte verfügt, wie ihre Schwesterinstitute im In- und Ausland, über einen unermesslichen Schatz: ein Heer von ehrenamtlichen Mitarbeitern. Das ist für vogelkundliche Institute typisch, da Vögel wie keine andere Gruppe von Lebewesen Scharen von Liebhabern in ihren Bann ziehen. Unsere Ehrenamtlichen sind hauptsächlich als „Beringer" tätig (sie kennzeichnen Nestlinge und gefangene Altvögel individuell mit Ringen) zur Erforschung ihrer Wanderwege, des Lebensalters, der Todesursachen usw. Nach dem Königsteiner Abkommen sind unsere Mitarbeiter in Baden-Württemberg, Bayern, Rheinland-Pfalz und Berlin tätig (zudem in Österreich, das erst seit 2015 eine Beringungszentrale besitzt); in den anderen Bundesländern arbeiten Amateure für die Institute in Wilhelmshaven und auf Hiddensee. Freiwillige Helfer gab es schon in der Rossitten-Zeit, vor allem seit der Einführung der Vogelberingung 1903. Schüz beziffert ihre Anzahl für 1960 auf 463, und in meiner Zeit war ihre Größenordnung 250 bis 400. Sie waren aber nicht nur „Beringer", sondern halfen auch in der Populationsbiologie, etwa durch Höhlenbrüterstudien in Nistkästen, die Erfassung von Störchen, die „Ablese-Ringe" (mit dem Fernrohr identifizierbar) tragen usw.

Mit dem Start unserer großen Forschungsprogramme 1968 wurden unsere ehrenamtlichen Mitarbeiter systematisch geschult in jährlichen Kursen für Brutbiologie, Nestlingsberingung, Vogelfang, Mauseruntersuchungen usw., wobei wir die Methoden z. T. europaweit standardisieren konnten. In der Ära Aschoff haben wir dafür eine spezielle Tagung „Tring-Konferenz" in England organisiert.

Dort konnten wir ornithologische Feldmethoden ähnlich vereinheitlichen wie die Beringung durch die Konvention „EURING". Durch die permanente Schulung wurden viele externe Mitarbeiter hervorragende Spezialisten, die in ihrem Umfeld einzigartige Daten für die Grundlagenforschung sowie für den Naturschutz erarbeiten. Und viele waren die Hauptakteure in unseren großen Forschungsprojekten (MRI-, Kreuzschnabel-, Amselprogramm) und in den Freilandbereichen unseres Grasmückenprogramms.

Unter unseren „Hobby-Ornithologen" gibt es nicht wenige, die sich im Laufe ihres Lebens durch Spezialisierung auf einzelne Arten derartige Fachkenntnisse erwerben, dass sie fast jeden Berufsbiologen in den Schatten stellen. Von ihnen haben auch wir uns immer wieder gern beraten lassen und viel gelernt. Dafür vier Beispiele: Unser „Vogel-Pater" Agnellus Schneider, Jesuitenpater und Biologielehrer am Salvator-Kolleg in Bad Wurzach, war u. a. Virtuose im Auffinden von Nestern von Grasmücken, Rohrsängern u. a. Er hat z. B. im Grasmückenprogramm in einem Jahr Nestkarten von über 200 Grasmückennestern ausgefüllt, und in einem anderen Jahr etwa eine Mischbrut von einem Berg- mit einem Waldlaubsänger erkannt, so dass wir die Hybriden aufziehen konnten.

Rolf Senk, tätig im Neckarraum, war ein ähnlich guter Spezialist für Nester, u. a. für Rotkehlchen. Mit einem Suchschema für „kleine Halbhöhlen" an Böschungen fand er zig Nester in einer Saison. Dabei entdeckte er, dass Wespenbussarde bei Insektenmangel zu Fuß auf Waldwegen patrouillieren und Singvogelnester plündern. Oder unsere Kreuzschnabelspezialisten um Herrmann Müller in Fichtelberg, die mit Lockvögeln und vielerlei Tricks Tausende von durchziehenden Kreuzschnäbeln fingen. Auch Damen taten sich hervor: Frau Elisabeth Walti, begeisterte Hobby-Ornithologin aus Mainz, hat mehr als zehn Jahre lang im MRI-Programm mitgearbeitet, Versuchsvögel von uns bis in Höchstalter gehalten und zudem unsere Arbeit durch Spenden und eine Erbschaft unterstützt. All das zusammenzustellen, was unsere Ehrenamtlichen mit uns erforscht und dokumentiert haben, ergäbe ein mehrbändiges Werk! Zum Glück sind alle, die in größeren Programmen mit uns tätig waren, genannt und bedankt, so vor allem in Übersichtsarbeiten über das MRI- und das Grasmückenprogramm (z. B. Vogelwarte 36, Sonderh., 1991; J. Ornithol. 121: 325, 1980).

Zum Schluss dieses Kapitels noch ein Zitat aus einer Festrede von Ebo bei der 50-Jahr-Feier der Vogelwarte 1996: „Herr Berthold hat einmal ausgerechnet, dass die Arbeitsleistung, die diese Amateure jedes Jahr einbringen (wenn man von einem Stundenlohn von nur 10 DM ausgeht), weit über eine Million DM beträgt. Gemessen an diesen Leistungen ist die Vogelwarte ein Großinstitut, auch wenn sie die MPG nur verhältnismäßig wenig kostet." Wahrlich – ein „millionischer" Schatz, den zu hegen und zu pflegen sich bezahlt macht.

Großartige Partner und Freunde

Obwohl die Vogelwarte immer ein Institut in der Provinz war – im entlegenen Fischerdorf in Rossitten sowieso, aber auch in Möggingen im Bodenseehinterland –, hatte sie doch Verbindungen bis in entfernte Bereiche. Für Rossitten galt das vor allem für Europa und Afrika, bedingt durch beringte und wiedergefundene Vögel, und in der Radolfzell-Ära wurden Verbindungen ausgebaut in alle Welt – von Alaska über Grönland, ganz Eurasien bis Kamtschatka und Japan, über Afrika und Gesamtamerika bis Australien, Neuseeland und zur Antarktis. Anlass für diese frühzeitige „Globalisierung" waren vor allem Forschungsaufenthalte, Konferenzen und Kooperationen. Dabei entstanden Freundschaften, die der Vogelwarte äußerst hilfreich waren – direkt und indirekt.

Ich will mich bei diesem fast uferlosen Thema auf 42 Persönlichkeiten beschränken, die viel für unser Institut bewirkten. Nikolaus von und zu Bodman und später sein Sohn Konrad waren sozusagen der Fels in der Brandung, an dem das heimatlos treibende Institut nach Rossitten wieder anlegen konnte. Erwin Stresemann und auch Konrad Lorenz sorgten mit energischem Auftreten dafür, dass die Vogelwarte um 1960 nicht wegen Bedeutungslosigkeit geschlossen, sondern sogar erweitert wurde. Es war dann Jürgen Aschoff, der sich mit gewaltigem Elan mit uns zusammen dafür einsetzte, dass diese Chance genutzt wurde und fruchtete. Ohne das Wohlwollen von Präsident Butenandt und ganz besonders Markls fürsorgliche Lenkung der Kommission „Zukunft Seewiesen" hin zur Vogelwarte hätte unser Institut leicht in den Strudel der Schließung des MPIV geraten können – das wäre das Aus gewesen. Markl und sein Nachfolger Gruss haben sich zusammen mit den Vizepräsidenten Hahlbrock und später Jäckle großartig dafür eingesetzt, dass die Vogelwarte heute mit zwei Direktoren so festgemauert dasteht wie nie zuvor. Von den Seewiesener Direktoren wurde uns Franz Huber ein herzlicher Freund, der uns förderte, wo es nur ging.

Über meine Doktorarbeit bekam ich Verbindung zu Baron Lars von Haartman in Finnland. Er wurde mir ein väterlicher Freund und stellte uns später seine Insel Lempisaari samt Umland für vielerlei Untersuchungen zur Verfügung, so dass ich dort mehr als ein Jahr verbrachte. Daraus ergaben sich Freundschaften mit Wissenschaftlern Finnlands, etwa zu Juha Tiainen, der jetzt noch mit der Vogelwarte zusammenarbeitet. Bei Grasmückenstudien im Ausland half unermüdlich über Jahrzehnte unser Freund Jacques Blondel, Uni Montpellier, und später verband uns gute Zusammenarbeit mit Anders Pape Møller, Paris, bei der Herausgabe von Büchern über die Vogelwelt in Beziehung zur Klimaerwärmung. Auf Madeira ebnete uns viele Jahre Alec Zino Wege zur Nestersuche in alle Quintas und zu den Behörden. Er verriet mir einmal, dass er, obwohl Engländer, im Gedenken an seine deutsche Mutter die „preußische Arbeitsdisziplin" unserer Truppe sehr schätze, und ich solle davon aber nichts seiner Frau verraten – die war reine Engländerin. Und nachdem wir einmal in seinem Park im Handumdrehen eine Handvoll Mönchsgrasmückennester und ein Turteltaubennest fanden, kündigte er uns immer an mit dem Bonmot: „Die finden Nester selbst da, wo gar keine sind."

Der wohl größte externe Förderer unserer Arbeit war Donald Farner, Seattle. Seine Familie stammte aus der Schweiz, und in Kleinandelfingen, unweit von Möggingen, hatte er alljährlich Verwandte zu besuchen. Das machte er am liebsten kurz – tagsüber – mit „Basislager" bei uns im Institut, wo wir an den Abenden davor und danach nach einem guten Essen eine „Sequenz" zelebrieren konnten: erst ein Bier, dann ein Riesling, ein Trollinger, ein Spätburgunder und als Betthupferl – zu seiner gemütlichen Pfeife – ein Zibatenwässerchen. Dabei nahm er begierig alles auf, was wir seit dem letzten Treffen erforscht hatten. Nach der ersten inspirierenden Begegnung mit ihm 1967 in Montpellier öffnete er mir und der Vogelwarte allgemein bis zu seinem Tod 1988 weltweit Türen und Tore bis in höchste Gremien und unterstützte uns.

Darin ähnlich war ihm der uns immer eng verbundene Ernst Mayr, und von den vielen weiteren Freunden in den USA besonders auch John Wingfield, Schüler von Farner und viele Jahre Kopf unseres Fachbeirates, sowie Walter Bock, Hauptförderer im IOC-Bereich, Hugh Dingle und Peter Grant mit seiner Frau Rosemary. Grant und Dingle haben als Humboldt-Preisträger lange im Institut gearbeitet und uns in der Genetik und Evolutionsbiologie sehr gefördert. Letzteres gilt auch für Arie van Noordwijk aus Holland, auch Koautor unserer Arbeitsgruppe. Von den vielen Freunden aus England ist vor allem Chris Perrins zu nennen, mit dem wir viel im IOC zusammenarbeiteten und der uns gute Verbindungen zu Oxford University Press verschaffte (Buchveröffentlichung „Bird Migration"). Und Clife Catchpole hat jahrelang mit Leisler zusammengearbeitet.

Bedingt durch den Vogelzug, Ringfunde und damit zusammenhängende Konferenzen waren wir immer, auch in der Zeit des Eisernen Vorhangs, stark nach Osten orientiert. So wurden die Beringer Ostdeutschlands noch bis 1964 von Radolfzell aus betreut und erst danach von der Vogelwarte Hiddensee. Deshalb ist es unmöglich, hier Freunde und Förderer „von drüben" aufzulisten – es waren Hunderte. So war es für uns auch ein Muss, gleich nach der Wende im Osten eine große Vogelfangstation einzurichten – am Galenbecker See. Leider mussten wir sie zehn Jahre später wegen mangelndem Interesse wieder schließen.

Auch in der Sowjetunion hatten wir gute Freunde, wie im heutigen Russland. Zu nennen ist Viktor Dolnik, ehemaliger Direktor der Biologischen Station Rybachy (früher Vogelwarte Rossitten), eng verbunden seit dem ersten Treffen 1974 in Tallin, mit Korrespondenz in Deutsch. Viktor wuchs im Ural auf, und da dort keine Englischlehrerin aufzutreiben war, musste die Klasse – selbst unter Stalin – Deutsch lernen. Unsere Arbeiten von Moskau bis Sibirien hat die Biologenfamilie Syreoskovsky sehr unterstützt, aus der Rybachy-Gruppe der jetzige Direktor und Freund Nikita Chernetsov. Er war u. a. Partner von Weißstorch-Versetzungsversuchen bis nach Omsk und von Gestalt und Aussehen her als „russischer Bär" Bodyguard, Dolmetscher und wissenschaftlicher Begleiter einer unvergesslichen Reise von Gabi und mir mit der „Transsib" bis Omsk und von dort mit Freund Sergej Soloviev tief in die Sibirische Taiga.

Unter dem Motto „Birds know no boundaries" entwickelte sich mit der Satelliten-Telemetrie eine fruchtbare Zusammenarbeit mit Israel, vor allem mit Yossi Leshem. Im Rahmen des „Peace Process" gelang es sogar, im Rosengarten der Knesset einen Beringungskurs mit arabischen Vogelfreunden durchzuführen! Eine warmherzig-freundschaftliche Verbindung besteht – Mama mia Madonna – zu Fernando Spina, Beringungszentrale in Bologna. Mit ihm zusammen riefen wir 1979 eine Vogelfangstation in Campotto ins Leben.

Viele Namen wären auch aus der Schweiz zu nennen, hier vor allem von den Mitarbeitern der befreundeten Vogelwarte Sempach. Den engsten Kontakt zu uns hatte sicher Lukas Jenni, auch durch intensive Zusammenarbeit für den IOC in Durban. Österreich, dessen Beringung bis 2015 von Radolfzell aus organisiert wurde und wo wir am Neusiedler See reichlich zehn Jahre eine Station des MRI-Programms betrieben, war ein besonders nahestehendes Partnerland. Die drei wichtigsten Verbündeten für die Vogelwarte waren Ellen Thaler, Innsbruck, die schon zu Löhrls Zeiten im Institut tätig war und vor allem als virtuose Vogelhalterin mit uns zusammenarbeitete. John Dittami, Wien, ein Spross aus Ebos Institut, war mehr als 20 Jahre lang unser „Polier" für gutes Englisch, u. a. vom Buch „Control of Bird Migration", sowie ein unermüdlicher Diskussionspartner. Und in Hans Winkler, Konrad-Lorenz-Institut für Vergleichende Verhaltensforschung Wien, hatte vor allem Leisler einen permanenten Arbeitspartner.

Beschließen möchte ich den Reigen mit Kollegen aus unserem Land. Mit Klaus Schmidt-Koenig, Uni Tübingen, verband uns neben Freundschaft die gemeinsame Betreuung und Prüfung einer Reihe von Doktoranden, mit Wolfgang und Rosi Wiltschko, Uni Frankfurt, „Ausflüge" in die Orientierungsforschung, vor allem über die Verbindung mit Andreas Helbig. Paul Müller förderte die Vogelwarte auf verschiedenen Ebenen – ihm verdanke ich z. B. meine Mitarbeit im Wissenschaftlichen Beirat des Deutschen Jagdschutzverbandes, und Heinz Sielmann wurde mir in reichlich 50 Jahren Bekanntschaft mehr und mehr zum väterlichen Freund.

Freunde fürs Leben wurden uns drei von Grund auf verschiedene, illustre Ornithomanen: Georg Heine, Ingenieur an der Uni Konstanz, Eugeniusz Nowak – Mitbegründer der Satelliten-Telemetrie und Wegbereiter für die Beschaffung vieler Drittmittel von Ministerien, und Heribert Kalchreuter, Wildbiologe. Alle drei arbeiteten nicht nur viel mit uns zusammen, sondern trugen auch zu köstlichen Geschichten bei. Als wir z. B. nach der Wende in Omsk nach Grasmücken Ausschau hielten, rückten uns Zuhälter mit der Kalaschnikow überm Shirt auf die Pelle, um uns ihre „Damen" anzudienen. Wir schickten zunächst unseren braven Georg „an die Front", um die Damen hinzuhalten. Als ihn aber eine alkoholisierte Amazone wie eine Spinne in ihr Netz zerren wollte, half nur noch die Flucht aufs Hotelzimmer.

Oder: Da wir vorhatten, 1990 besenderte Zwergschwäne von Holland bis zur Taymir-Halbinsel in der SU hinter den Eisernen Vorhang zu telemetrieren (ohne Wissen der Russen, versteht sich), wurden wir zur persönlichen Inaugenscheinnahme ins Argos-Zentrum nach Toulouse beordert. Bei mir – kein Problem, aber bei Nowak: geboren in Polen, beschäftigt beim Ministerium in Bonn, und das in der Zeit eines Guillaume – da fielen in Toulouse sogar Worte wie Spion und Dritter Weltkrieg! Wir haben dann all unseren Charme aufgeboten und konnten schließlich eine Sekretärin derart bezirzen, dass sie es in der entscheidenden Sitzung schaffte, für uns „harmlose Gesellen" das „Oui" zu erreichen. Da Bordeaux nicht weit von Toulouse entfernt ist, mussten wir nach anschließender Feier die Rückfahrt „aus technischen Gründen" um einen Tag verschieben.

Heribert, leider 2010 ums Leben gekommen, war einer der erfahrensten Jäger und Wildbiologen unserer Zeit. Wir kannten uns seit seiner Doktorarbeit und trafen uns alljährlich, um viel über Viecher und Gott und die Welt zu reden. Und Heribert war natürlich unser Mann, wenn es etwas zu sammeln galt. Als wir Kreuzschnäbel für Gonadenuntersuchungen brauchten, fuhren Uli und ich zu seinem Forsthaus im Schwarzwald. Bald trudelte ein vermeintlich gut getroffener Vogel Richtung Boden, aber dabei leider auch um die Hausecke. Als wir ihn nach einer Stunde Nachsuche immer noch nicht gefunden hatten, gingen wir schließlich ins benachbarte Gasthaus zum Mittagessen. Aber dann – oh heiliger Strohsack! Am Forsthaus empfing uns eine ältere Mitbewohnerin mit den übelsten Schimpfworten und erteilte mir fortan Hausverbot. Was war geschehen? Sie hatte den Kreuzschnabel gefunden … in der Außentasche der frisch gewaschenen Schlafanzugjacke ihres Mannes … auf der Wäscheleine … natürlich mit einer ansehnlichen Blutspur dazu! Selbst wenn ich sie in der Hölle oder im Himmel wiederträfe, würde ich sie wohl nie und nimmer davon überzeugen können, dass wir den Vogel dort nicht absichtlich hineingestopft hatten, sondern dass er vielmehr nach dem Schuss hineingetrudelt war. Sie meinte, das sei unmöglich. Und das Gegenteil beweisen? Vermutlich wäre selbst von 10 000 weiteren geschossenen Kreuzschnäbeln kein zweiter so gelandet. C'est la vie. Für das Sammeln von Kreuzschnäbeln lag natürlich eine Genehmigung vom Regierungspräsidium vor, wie für alles, was wir im Laufe der Zeit an Vögeln, Pflanzen, Ameisenpuppen usw. für Forschungsvorhaben im In- und Ausland beschafft haben.

Hierher gehört schließlich auch ein Dank an eine Reihe von Firmen, mit denen wir über Jahrzehnte bestens zusammenarbeiten konnten, so vor allem Elektro-Buhl, Baufirma Helms, Malerbetrieb Merk und Architekturbüro Stier.

Meine Familie

Ich war nie ein Familienmensch in dem Sinne, dass ich ständig hätte Verwandtschaft um mich haben wollen, im Gegenteil, ich liebe es oft, allein zu sein, vor allem in Feld und Flur. Aber: Eine intakte Familie ist für mich lebensnotwendig. Ich hatte das große Glück, trotz

Kriegswirren, Flucht und dadurch bedingte längere Trennung meiner Eltern in familiärer Nestwärme aufwachsen zu können. Derartige Verhältnisse habe ich lange Zeit als selbstverständlich angesehen und war später entsetzt, als ich vielerlei zerrüttete kennenlernen musste. Ich bezweifle, ob ich bei meinem Harmoniebedürfnis im Hinblick auf eine „geordnete" Umwelt ohne meine intakte Familie hätte dauerhaft zielstrebig arbeiten können. Denn ein wesentlicher Antrieb dafür war mir immer: Durch die Freude, die meinen Eltern jeder Erfolg von mir bereitet hat, konnte ich mich für ihre oft aufopfernde Unterstützung am besten dankbar erweisen, und das hat mir vor allem im Internat und beim Studium viel Kraft gegeben. Meine Eltern sind im Ruhestand 1971 in meine Nähe gezogen, nach Billafingen, wo meine Frau und ich heute wohnen, und haben noch etliche Jahre gern im Institut mitgeholfen, Ameisenpuppen zu sammeln und vieles mehr.

Leider war es meiner ersten Frau Heide und mir nicht vergönnt, später selbst eine entsprechend intakte Familie aufzubauen, wie ich sie erlebte. Nach früher Heirat noch während des Studiums folgten harmonische Jahre, in denen meine Frau und später auch unsere Tochter Birgit viel bei der Aufzucht von Vögeln, bei der Nestersuche und auch bei Untersuchungen im Ausland mithalfen. Aber mit aufkommenden und zunehmenden Schwierigkeiten mussten wir uns darüber klar werden, dass eine Ehe auf Dauer wohl nicht möglich sein würde. Aber wir beschlossen, auf alle Fälle so lange zusammenzubleiben, bis Birgit die Schule abschließen und dann 1988 praktisch erwachsen zum Studium gehen konnte. Das haben wir geschafft, auch wenn es alles andere als einfach war. Wer war schuld an der allmählichen Distanzierung, Entfremdung, begleitet von vielen Streitereien bis hin zur schlussendlichen Trennung?

So viel ich darüber nachgedacht habe – es lässt sich meines Erachtens nicht aufrechnen und im Nachhinein auch nicht sagen, dies und jenes hätte man „einfach" anders machen müssen. Eines wurde mir jedoch klar – und das würde ich auch jedem in entsprechender Situation wärmstens empfehlen: Wenn Zusammenleben nicht klappt, dann auf alle Fälle besser trennen als langsam vor die Hunde gehen. Ich hatte mir durch die Riesenbürde von Frustration, Ärger, Hoffnungslosigkeit, zeitweilig Depressionen, oft verbunden mit der üblen Kombination von Schlafdefizit und übermäßigem Alkoholkonsum Schreckliches eingefangen: Herzrhythmusstörungen. Und die verdammten Extrasystolen, die jede Minute auftraten, waren durch nichts zu unterdrücken, weder durch Waldlauf, Radfahren oder Schwimmen noch durch autogenes Training.

Aber ich hatte Glück, noch dazu das größte in meinem Leben. Im September 1978 bewarb sich eine Hausfrau aus einem Nachbardorf auf eine bei uns typische Stelle: Sekretärinnenarbeit im Büro, Mithilfe bei Aufzucht und Haltung von Vögeln, Mitarbeit im Freiland. Da sie sich für alles gut zu eignen schien, erhielt sie den Zuschlag – es war Gabi Mohr aus Stahringen. Sie wurde für unsere Arbeit ein Hauptgewinn. Mit ihr zog im Institut eine neue Qualität an Zuverlässigkeit und Fürsorge ein für alles, was mit Vogelhaltung zu tun hatte, und vieles, was bislang ordentlich funktioniert hatte, wie das Führen von Versuchsprotokollen, Versuchsplanung usw., wurde nun perfekt. Kein Wunder: Gabi wurde in wenigen Jahren die „Mutter" unserer Versuchsvögel und übernahm schließlich die technische Leitung der gesamten Vogelhaltung und Versuchsplanung. Ich mochte sie natürlich gern, zumal sie auch noch bienenfleißig, freundlich, bescheiden und sehr ausgleichend war.

Ja, und dann wurden wir Leidensgenossen, denn auch sie musste eine Lebensgemeinschaft aufgeben, die beim besten Willen nicht weiterzuführen war. Schließlich haben wir uns unsterblich ineinander verliebt, für meinen Teil ist das wörtlich zu nehmen: Diese wunderbare Liebe hat mir das Leben gerettet. Schon nach einem halben

Jahr schlug mein Herz wieder normal – keine Extrasystolen mehr –, es war wie eine Wiedergeburt! Und damit begann wieder ein neues Leben, in dem vor allem Arbeit und Freude an vielen kleinen Dingen eine tragende Rolle spielen. Nach unseren Scheidungen waren wir zunächst fast bettelarm. Da hieß es sparen wie in alten Zeiten – wir kauften die einfachste schwarze Wurst, statt Sprudel gab es Leitungswasser, der Zopf für den Sonntag wurde selbst gebacken. Und so ging es bald aufwärts. Hatte uns anfänglich eine kaputte Tiefkühltruhe fast aus der Bahn geworfen, konnten wir uns bald auf einer Wanderung in einem Straßencafé wieder einen Cappuccino und ein Speckbrötle leisten – unbeschreiblicher Genuss, der bis heute nachklingt. Wenn ich an die Alternativen denke: tot oder Lebensabschnittssingle – dann lebe die Familie, am besten mit Frau und (selbstverständlich) Hund und Schafen und Hühnern und allem, was das Leben rundum erfüllt! Hartmut Wekerle, ehemaliger Sektionsvorsitzender der MPG, hat es bei einem Institutsbesuch 2000 klar erkannt: „Ihre Frau ist ein Glücksfall!“

Übrigens: Meine Frau behielt nach unserer Hochzeit ihren letzten Namen Mohr bei, was bei vielen Anrufern, die mich sprechen wollen, zu irritiertem Wiederauflegen führt. Und dafür hat sie eine interessante Erklärung, sozusagen eine Vorsichtsmaßnahme: „Ich kann ja nicht bei jeder Heirat meinen Namen ändern …“

Drittmittel – das Überlebenselixier

Richtig Geld hatten wir in der Vogelwarte erstmals 1998 zur Verfügung – mit der Gründung der FfO und meiner Berufung zum Direktor –, für die Forschung jährlich über eine Million DM. Damit erfuhren wir auch, wie bescheiden unsere Ausstattung zuvor war, vor allem bedingt durch das „Nadelöhr“ Seewiesen. Kuhk und Löhrl waren bei ihrem geringen Bedarf selbst mit den wenigen Mitteln immer gut zurechtgekommen, aber zu meiner Zeit reichten die vor 1998 verfügbaren rund 200 000 DM an Sachmitteln pro Jahr nie aus. So überzogen wir unseren Forschungsetat jedes Jahr etwas, um unseren Bedarf zu demonstrieren und um wenigstens unsere vielen Versuchsvögel sehr gut versorgen zu können.

Bei dem Geldsegen, der ab 1998 auf uns niederging, war es im Nachhinein kein Wunder, dass in Seewiesen in keinem Jahr der Etat aufgebraucht wurde und Gelder an die MPG zurückflossen. In der Regel wurde dann in einer Direktorenkonferenz zu Jahresende großzügig beschlossen, aus dem Überschuss das Defizit der Vogelwarte auszugleichen. Es gab aber auch den „freundlichen" Kollegen, der das kategorisch ablehnte mit der Feststellung, die Vogelwarte solle gefälligst sachgemäß haushalten. Er hatte gut reden – in seiner Abteilung wurde vor seiner Emeritierung kaum noch geforscht, was sehr zum Erhalt von Seewiesen beigetragen hat …

Überlebenselixier der Vogelwarte waren jedoch nicht Almosen infolge von Überziehen, sondern Drittmittel. Ohne sie hätten wir weder unsere anspruchsvollen Forschungsprogramme durchführen noch das dafür notwendige Personal beschaffen können, und ohne sie wäre unser Institut längst geschlossen worden. Als die Kommission „Zukunft Seewiesen" ins Leben gerufen wurde und es auch für die Vogelwarte um die Wurst ging, sagte mir eine Institutsbetreuerin der MPG: „Sie sind Weltmeister im Drittmittelbeschaffen. Bereiten Sie um Gottes willen für die Kommission eine Aufstellung der von Ihnen insgesamt beschafften Gelder vor!" Die lag alsbald auf dem Tisch – und wir waren selbst überrascht: Sie summierte sich, seit meiner Mitarbeit im Institut 1967 bis 1996, auf 5 495 000 DM! Dabei verteilen sich die Hauptzuwendungen folgendermaßen: rund 2 Millionen auf die Satelliten-Telemetrie (vor allem BMFT, BMU), 1,6 Millionen für das MRI-Programm, 1,5 Millionen für das Grasmückenprogramm und genetische Untersuchungen (vor allem DFG) sowie rund 0,5 Millionen für diverse kleinere Projekte. Dem Institut standen somit von 1972 bis 1996 25 Jahre lang im Durchschnitt jährlich rund 220 000 DM Drittmittel zur Verfügung oder, anders ausgedrückt: Der Institutssachmitteletat wurde damit jedes Jahr mehr als verdoppelt! In „fetten“ Jahren wie 1996 betrug das Verhältnis von Drittmitteln zum Etat mit 780 000 DM zu 229 000 DM 3,4 zu 1.

Die Beschaffung dieser Mittel hat natürlich viel Schweiß gekostet. Hätten den andere, denen das Geld leichter zufiel, in mehr Forschung gesteckt, gäbe es das MPIV noch heute.

Öffentlichkeitsarbeit

Öffentlichkeitsarbeit ergab sich für mich bereits in der Schulzeit, nahm dann während meiner Tätigkeit an der Vogelwarte laufend zu und beschäftigt mich noch heute ständig. Nur an wenigen Tagen im Jahr habe ich nicht mit Medien zu tun, sei es für Auskünfte, Vorbereitung von Artikeln und Sendungen, für Pressetermine oder bei Sendungen direkt. Seit 2002 kann ich jährlich Interessantes aus unseren Arbeitsbereichen in Rundfunk- und Fernsehsendungen mitteilen – das entwickelte sich folgendermaßen:

In der Schulzeit wurde ich oft angesprochen, wenn ich etwa mit Kameraden Hauswände mit Leitern erklomm, um nestjunge Mehlschwalben zu beringen oder wenn uns die Polizei nach einer Anzeige durch zwei Damen wegen „Schwarzfischens mit feinen Netzen“ festnahm, als wir Wasseramseln beringten. Dabei wurde oft nach den verschiedenen Vogelarten, das Warum und Wozu der Beringung usw. nachgefragt. Also begann ich schon 1957 in der Schulzeit, Vogel-(Stimmen-)Führungen zu veranstalten und sorgte für erste Mitteilungen über die Vogelwelt im „Nagolder Anzeiger“, später in der

„Schmiecha-Zeitung" im heutigen Albstadt, im „Albboten" usw. Bald erfuhr ich, wie öffentlichkeitswirksam Presseartikel sein können, wenn es um Naturschutzbelange geht – und das hat mich zu zweierlei beflügelt: die Medien mehr und mehr einzubeziehen und mit Medienvertretern ausgesprochen kooperativ umzugehen, so dass sie auch für mich immer als Partner ansprechbar sind. Noch heute, längst im Ruhestand, wissen Medienvertreter im ganzen Land, dass sie mich für Auskünfte jederzeit auch privat anrufen können.

Für unsere zunehmende Öffentlichkeitsarbeit, die vor allem der gebeutelten Natur unschätzbare Dienste leistet, gab es Schlüsselereignisse, die ihre Intensität sprunghaft steigerten. Das erste war der 1973 von mir in den „Mitteilungen aus der MPG" verfasste Artikel über „Rückgangserscheinungen bei Vögeln" als „Vorboten des stummen Frühlings", der mich fast meine Stelle bei der MPG gekostet hätte. Dieser Aufsatz, der einschlug wie eine Bombe, zusammen mit einem im selben Jahr anschließenden Vortrag über „Vögel als Bioindikatoren" in der Vorlesungsreihe „Lebendige Wissenschaft" des Süddeutschen Rundfunks, hatte ein enormes bundesweites Medienecho, das uns von da an zu gefragten Gesprächspartnern in relevanten Fragen machte.

Dieses Echo wurde noch weit übertroffen durch die „MPG Presseinformation" vom 15. Januar 1987 mit dem Thema „Der stille Einzug des ‚stummen Frühlings'" über unsere Arbeit mit den Stichworten „Auch viele Kleinvogelarten verschwinden langsam, aber stetig/Alarmierende Bilanz eines zehnjährigen, europaweiten Forschungsprogramms/Ökonomische Einfalt verdrängt ökologische Vielfalt." Dieser Bericht wurde von nahezu allen Medien im Land aufgegriffen und machte die Vogelwarte bundesweit zum wichtigsten Ansprechpartner für Medien in Bezug auf wissenschaftliche Grundlagen des Vogelschutzes. Naturschützer waren der Meinung, das hervorgerufene Medienecho in Deutschland in Bezug auf Artenrückgang war das stärkste seit jenem auf den „Stummen Frühling“ von Rachel Carson.

Der große „Sprung“ in die Medien, und nun vor allem ins Fernsehen, mit spannenden Ergebnissen aus den Bereichen Vogelzug, Evolution, Vögel und Klimaerwärmung usw., erfolgte mit der Verleihung des Philip Morris Forschungspreises 2002. Damit verbunden war äußerst wirkungsvolle Öffentlichkeitsarbeit von Morris: Pressemitteilung unmittelbar nach Bekanntgabe der Preisträger durch die Jury, später eine detaillierte Pressekonferenz, danach die Preisverleihung in einer Gala-Veranstaltung mit Ranga Yogeshwar und schließlich die Herstellung eines speziellen, professionell gefertigten Kurzfilms über den Preisträger und seine wichtigsten Forschungen und Ergebnisse, der allen Medien kostenfrei zur Verfügung steht.

Nach diesem Event setzte eine Welle von Einladungen von den meisten TV-Sendern ein, sowohl zu Wissenschaftssendungen wie „Planet Wissen“, aber auch in allgemeine Talkshows, wobei der von Morris initiierte Kurzfilm bis heute gern als Einspieler verwendet wird. Insgesamt konnte ich seit 2002 in über 100 TV-Sendungen auftreten, jährlich in fünf bis 15, auch Talkshows – was gab es da für Kollegenschelte, da kann man doch nicht teilnehmen, ohne seinen Ruf zu bekleckern. Oh doch, und ob!

Erstens: Man trifft dort illustre prominente Leute, die man – vielleicht zum ersten Mal in ihrem Leben – zum Nachdenken darüber bringen kann, wie scheußlich wir unsere Natur behandeln.

Zweitens: Man erreicht über eine gute Mischung aus Ernst und Humor Zuschauer, die sonst kaum auf Probleme unserer gebeutelten Umwelt anzusprechen wären. Ein herrliches Beispiel dafür war, als ich in einer Talkshow beim NDR mit Jörg Pilawa das halbseitige Schlafen von Vögeln z. B. im Fluge erklärte und dabei nicht daran gedacht hatte, dass der neben mir sitzende Karl Dall immer so aussieht wie ein „semihemisphärisch relaxierender Erpel“ auf der Alster, den ich zur Erklärung beispielhaft genannt hatte. Aufgrund des Gelächters, das ausbrach, nachdem der Comedian Mario Barth auf diesen Umstand hingewiesen hatte, haben wohl alle begriffen, was ich mitteilen wollte.

Und drittens: Man kann unter Umständen in einer einzigen Talkshow mehr Interessenten erreichen als in Hunderten von Vorträgen (die ich als Öffentlichkeitsarbeit ebenfalls bis heute halte). Als unser Buch „Vögel füttern – aber richtig" 2005 gerade erschienen war, verkaufte Kosmos davon über seine Vertriebswege, vor allem über Buchläden, etwa 30 Exemplare pro Tag. Nachdem wir in der Talkshow bei Johannes B. Kerner kurz über das Buch gesprochen und humorvoll geschäkert hatten, schnellten die Verkaufszahlen über Hunderte auf weit über tausend pro Tag hoch, so dass die Auflage im Handumdrehen vergriffen und noch schnell vor Weihnachten Nachdruck angeleiert werden musste. Ergo: Es lebe die (gute) Talkshow! Ähnlich lohnend für die Öffentlichkeitsarbeit sind CDs mit lebendigen Berichten aus der Forschung vom Supposé-Verlag. Mit „Faszination Vogelzug" avancierte ich dabei 2005 beim „Spiegel" zum „Hörbuch-Star", und 2015 erschien „Urvogel Auerhuhn", inzwischen ebenfalls begeistert aufgenommen.

Wenn ich in die ewigen Jagdgründe des Universums eingegangen sein werde, habe ich an den dort tätigen PR-Manager eine Bitte: Ich würde gern die Anzahl von Tieren und Pflanzen erfahren, denen im Laufe von Jahrzehnten durch unsere Öffentlichkeitsarbeit über animierte Mitbürger Gutes widerfahren ist.

Feiern, Feste, Ulke

In die Zeit, die ich an der Vogelwarte verbringen konnte, fielen drei große Jubiläen – nämlich: 1976 die 75-Jahr-Feier von Rossitten/

Radolfzell, die wir mit einem kleinen internationalen Symposium in Schloss Möggingen sowie einem Festakt im Insel-Hotel in Konstanz begingen. Für die Feier, an der der damalige MPG-Präsident Reimar Lüst teilnahm, hatten wir den Kanon „Fröhlich sein, Gutes tun und die Spatzen pfeifen lassen" – Leitsatz des Theologen Johannes Bosco – einstudiert, der zu einer Art Motto für unser Wirken im Institut wurde.

1996 folgte in Schloss Möggingen eine Feier aus Anlass des 50-jährigen Bestehens der Vogelwarte Radolfzell und schließlich 2001 die 100-Jahr-Feier von Rossitten/Radolfzell. Dieses säkulare Ereignis konnten wir mit einem großen internationalen Symposium in der Uni Konstanz zelebrieren, aus dem ein über 600 Seiten starker Symposiumsband über „Avian Migration" hervorging; dazu kamen mehrere Festlichkeiten.

Und eine weitere Feier stand natürlich 1998 ins Haus – mit der Neugründung der FfO.

So schön diese offiziellen Feiern auch waren, sie hatten zwei Nachteile: Sie traten sehr spärlich auf und waren zudem auch recht förmlich. Also mussten Feste her, und das mit meinem Einzug in Möggingen alljährlich. Zuvor sah es mit Festivitäten in der Vogelwarte mau aus. In der Ära Kuhk gab es einmal einen Betriebsausflug, an den Kaiserstuhl, und als es dabei zu einem Beinbruch kam, blieb er ein Unikat. Als ich in der Zeit meiner Doktorarbeit einmal bei den Vogelwartlern (während der Dienstzeit!) einen kleinen Vortrag halten durfte, teilte Kuhk anschließend der verdatterten Belegschaft mit, sie möge diesen „Exkurs" als den diesjährigen Betriebsausflug betrachten …

Ab 1967 feierten wir die Feste dann, wenn sie fielen, oder wir halfen nach: Fastnachtsbälle und jährliche Sommerfeste, dazu Geburtstags- und Examensfeiern, mit herrlichen Büfetts, Sketchen und Tanz – zunächst im Schloss, und als sich im zweiten Stock in einer

Ecke der Boden abzusenken begann, hinfort in umliegenden Gasthäusern, der Baron'schen Feldscheune oder auch im Freien. Ganz bevorzugt waren wir im Adler im Nachbardorf Güttingen bei Familie Keller, unserer beliebten Stammwirtschaft seit Gründung der Vogelwarte 1946. Dort treffen wir uns noch heute mit vielen Besuchern des Instituts und des Biotopverbundes. Und unvergessen bleibt, wie mir Kellers im Jahrhundertwinter 1962/1963 mit manchem Speckvesper geholfen haben zu überleben.

Betriebsausflüge haben wir für großartige Wanderungen genutzt – von der Schwäbischen Alb über das Donautal und den Schwarzwald bis zum Kaiserstuhl und Pfälzerwald. Und für richtig „wilde" Feste gab es eine nahezu einmalige Gelegenheit: das Anmieten des „Friedinger Schlösschens" – einer ehemaligen bereits 914 beurkundeten „Burg Hohenfriedingen", einsam gelegen auf einem bewaldeten Berg, gerade mal zehn Kilometer von der Vogelwarte in Richtung Hegau entfernt. Für Burgfeste standen Wirtsleute, Familie Weber, bereit, die große Gesellschaften bestens versorgen konnten mit allem, was Feierlaune aufkommen lässt: Gegrilltes aller Art, eine Palette bunter Salate, köstliche Nachtische, selbst gebackene Kuchen und Zöpfe, mitternächtliche Hexensuppe, dazu auflebendes Rittertum mit Bogenschießen, Auftritt von Hofnarren und Ritterschlag für verdiente Recken. Dort haben wir uns viermal eingemietet und mit je über hundert Gästen „gefeschtet", was das Zeug hielt. 1991 haben wir noch mit Aschoff, Wickler und Ebo unser bislang ereignisreichstes Vogelwarte-Jahr gefeiert, mit zehn Highlights: 90 Jahre Rossitten/Radolfzell, 20 Jahre Fangstation Mettnau sowie brutbiologische Kurse, eine neue Fangstation am Galenbecker See in Ostdeutschland, erster möglicher Besuch in Rybachy, Institutserweiterung durch die Schlossmühle, Start der Satelliten-Telemetrie, höchste Drittmittelzuwendung, meine Ernennung zum Örtlichen Leiter, Verleihung des Schubert-Preises und Erscheinen des Vogelzug-Buches. Die nächsten

Burgfeste folgten 1998, anlässlich der Gründung der FfO, dann 2002 zur Feier der Verleihung des Morris-Preises und schließlich 2004 die Abschiedsveranstaltung anlässlich meiner Emeritierung.

Das wildeste Burgfest war das im Sommer 2002. Tanz, Bogenschießen, der Ritterschlag für mich zum „Ritter Peter von der Burg Hohenfriedingen", Zaubertricks eines ungarischen Gauklers, Reden ans Volk u. a. m. zogen sich bis zum frühen Morgen hin, und bis zur späteren Heimfahrt haben unsere Kollegen aus Andechs in Schlafsäcken gleich an der Burgmauer geruht. In dieser Nacht gedachten wir ganz besonders eines Mannes, für den „Ulkmachen", wie er es nannte, in der Einöde Rossittens geradezu Überlebenswert hatte – Johannes Thienemann. In seinem legendären „Kentucky-Klub" ballerte er mit seinen schießfreudigen „Boys" gelegentlich im Wirtshaus die Birnen aus der Lampe, und wer aufgenommen werden wollte, musste „ein größeres, möglichst wehrhaftes Säugetier mit gutem Schuss erlegt haben, also etwa einen bösen Bullen …". Dieser Klub, den Thienemann in seinem 1927 erschienenen Buch „Rossitten" auf über zehn köstlich zu lesenden Seiten beschreibt, erlebte in Radolfzell 1951 eine wenn auch nur kurze Renaissance – und wir ließen ihn 2002 wiederauferstehen, mit neuer Gründungsurkunde. Was hätte es Freude bereitet, mit Thienemann in Rossitten oder auf Hohenfriedingen gemeinsam wild zu feiern – ich glaube, er hätte sich mit mir als wahlverwandter Seele bestens verstanden!

Auch in Möggingen gab's Ulkmachen. Wie Thienemann hatte auch ich 1968 einen Stammtisch für Studenten und sonstige Interessenten eingerichtet, in „unserem" Adler in Güttingen. Dort waren wir nächtens bald so „beliebt", dass die Wirtin einmal vorsichtig bei meiner Frau nachfragte, ob wir uns mit unserem Stammtisch nicht auf einmal in der Woche beschränken könnten, da die Bedienung unsere Sitzungen bis gegen Morgen kaum durchhalten könne. Als ich einmal kurz nach Mitternacht eine Studentin vorzeitig in ein

Gästezimmer im Institut bringen musste, da sie das Rauchen an einer Schwarzen Brasil nicht vertragen hatte, war mir klar: Der Ober würde sofort hinter mir die Türe abschließen. Also stellte ich vorsorglich ein paar Blumentöpfe zur Seite und einen Fensterriegel so, dass ich nach Rückkehr mühelos durchs Fenster an unseren Stammtisch zu-

Ausgeklappert

„Pfarrer“ Peter Berthold und der tote Storch

Man stelle sich vor, in Böhringen gibt es bald keine Kinder mehr. Warum? Weil es keine Störche mehr gibt, die die Kinder bringen können. Dieser Überlegung ging gestern Peter Berthold, Direktor des Mögginger Max-Planck-Institutes für Ornithologie, nach. Er machte sich nicht direkt Sorgen um den Nachwuchs in Böhringen, witzelte aber darüber, als er die Narren am Morgen empfing.

Witzeln ist fast untertrieben, denn Berthold trat bei seiner Ansprache als Pfarrer verkleidet auf, als Utensilien hingen an seinem Kostüm Steinschleuder und ein toter Storch. Etwaige Ähnlichkeiten mit lebenden Personen oder Begebenheiten sollen rein zufällig sein, steht auf einem Schild geschrieben, das Berthold auf dem Kopf trägt. Dennoch verschweigt er nicht, mit seiner Kostümierung auf Böhringens Pfarrer Paul Johannes Demmelmaier anzusprechen. Der hat ja bekanntlich versucht, per Steingeschoss die Störche von seinem Kirchendach zu verscheuchen. „Mei, da brat mir einer einen Storch“, steht auch noch auf dem Schild von Berthold. PHILIPP ZIEGER

Mit totem Storch am Gewand, der aber eines natürlichen Todes gestorben war: Peter Berthold, Leiter des Mögginger Max-Planck-Institutes, und sein Kostüm nach Vorbild des Böhringer Pfarrers.
Foto: Philipp Zieger

Zeitungsbericht über einen wirkungsvollen Fastnachtsscherz

rückkehren konnte. Als ich dann von dort aus den Ober rief und eine neue Flasche „Affentaler“ bestellte, war der gute Mann wie vom Donner gerührt und stammelte: „Wie sind Sie denn hier reingekommen?“ Ich winkte ihn zu mir und flüsterte ihm ins Ohr: „Wie immer um diese Zeit, mein Gutster, durch den Kamin …“

Und ein letzter Ulk. Auch in Möggingen, ganz im Banne der alemannischen Fasnet, beginnt der Schmotzige Dunschtig mit dem 6-Uhr-Wecken mit Pauken und Trompeten durch die Kapelle des Fasnetsvereins. So um 1975 haben wir mit vier Mann von der Vogelwarte und ausgeliehenen Musikinstrumenten vom Nachbardorf sowie Blecheimern dieses Wecken auf vier Uhr morgens vorverlegt und einen Saukrach veranstaltet. Die Dörfler sind aus ihren Betten gefallen und haben geflucht und gewettert, die Fasnetsmusiker dachten erst, sie hätten verschlafen, und waren danach stocksauer, und wir waren, ehe man uns erkennen konnte, zurück in unseren warmen Betten. Das sechs-Uhr-Wecken fiel dann aus, die Stimmung war auf dem Nullpunkt, stieg aber bei uns noch einmal so richtig an, als man einer wichtigen „Beobachtung“ von uns zu glauben begann: Die Lärmbrüder zur Unzeit, so „hätten wir gesehen“, das war eindeutig eine Gruppe von Fasnetsmusikern aus dem Nachbardorf gewesen – eine Mitteilung mit später höchst amüsanten Folgen!

Der Weg aufs Altenteil

Die gute alte Zeit – verlorene Paradiese

Als ich 1953 „im Westen“ zu leben begann, konnte ich beides noch erfahren – Vogelleben allüberall, fast noch wie im Paradies und für uns eine gute alte Zeit, wie man ihr heute nur noch wehmütig nachträumen kann. In den 1950er Jahren, kurz nach der Währungsreform, gab es kaum Reichtum, schon gar keinen Überfluss, so gut wie keine Übergewichtigen, dafür durchweg bescheidene Verhältnisse, die anspornten, fleißig zu sein, sich zu verbessern und auch – schon, weil noch fast alle am Wohnort tätig waren – sich gegenseitig viel zu helfen. Die Erfolge sind bekannt: Aufschwung, Wirtschaftswunder, alle paar Jahre Lohnerhöhungen, Sparprämien, bald selbstverständlicher Jahresurlaub, für viele ein Kleinwagen und ein Eigenheim, Aussicht auf gute Altersversorgung usw. Fast alles war positiv – vor allem auch das Essen: Wenn man etwas Gutes ergattert hatte oder sich etwas leisten konnte, war es ein Freudenmahl.

Wie wenig ist davon übrig geblieben! Essen – wie viele können sich heute fast alles leisten, haben aber beim Essen oft mehr Vermeidungsstress als Genuss, um ja nicht noch dicker zu werden. Und dann hat sich in den letzten Jahrzehnten – erst kaum bemerkbar, dann immer stärker – ein gewaltiges Destruktionsvokabular entwickelt, fast wie ein Krebsgeschwür, das das Positive der guten alten Zeit schon verbal fast völlig aufgefressen hat: Luftverschmutzung, Trinkwasserverseuchung, Waldsterben, Meeresspiegelanstieg, Überfischung, Umkippen von Gewässern, Zersiedlung, Verkehrschaos, Artensterben, bis hin zum Begriff der vollständigen Umweltvernichtung. Und in unserem engsten menschlichen Umfeld entstanden Begriffe wie Bevölkerungsexplosion, Massentierhaltung, Gammelfleisch, Schadstoffrückstände, Lebensmittelskandale aller Art sowie für viele und immer mehr die Perspektivenreihe von der Jugendarbeitslosigkeit oder als Leiharbeiter im Kampf um Mindestlohn, frustriert durch Mietwucher, Versicherungsbetrug, Umgang mit Kredithaien, geschädigt durch Finanzblasen und Bankencrashs schließlich über die Rentenlüge in die Altersarmut – das alles angesichts einer Upperclass von Wegwerfgesellschaft. Was für ein Horrorvokabular – negativer geht's kaum noch, und nichts von alledem gab es im Alltagssprachgebrauch der damals wirklich guten alten Zeit in meiner Jugend.

Heute treffen diese Schreckensbegriffe mit ihren düsteren Szenarien jeden heranwachsenden Jugendlichen früher oder später mit voller Wucht. Und dabei hatte ich einmal bei meiner Berufswahl guten Glaubens folgendes Weltbild vor Augen: Als Erstes Vögel so intensiv wie möglich zu studieren, um über sie als unsere besten Bioindikatoren die Ökologie unserer Umwelt so gut wie möglich zu verstehen, um dann als Zweites Wege aufzuzeigen, wie selbst die seinerzeit vergleichsweise geringen Umweltschäden hätten repariert und unsere Ökosysteme nachhaltig stabilisiert werden können. Was ist von diesem Glauben übrig geblieben? Er hat sich schon lange als Irrglaube erwiesen, und ein Großteil unserer gefiederten Bioindikatoren hat uns längst den Weg ins Jenseits indiziert.

Zum Glück hat der naturbegeisterte Hans Sonnabend sogleich mit der Gründung der Vogelwarte Radolfzell 1946 begonnen, für das idyllische Möggingen in den Vogelwarte-Tagebüchern festzuhalten, was für ein Vogel- und Naturparadies dort seinerzeit existierte! 110 Brutvogelarten gab es damals in Möggingen auf wenigen Quadratkilometern, darunter viele Seltenheiten und viele Arten in heute kaum mehr vorstellbarer hoher Dichte, wie eingangs beschrieben – wahrlich ein Paradies.

Ich hatte das große Glück, als ich ab 1955 zunehmend mehr nach Möggingen kam, die fast ursprünglichen Verhältnisse selbst noch kennenzulernen. Nur wenige Brutvogelarten waren damals schon verschwunden wie Wiedehopf, Rotkopfwürger und Heidelerche oder bei den Amphibien die Geburtshelferkröte, bei den Pflanzen die Riemenzunge – bedingt durch ersten Kunstdüngereinsatz. Wie wohltuend „heil“ die Natur damals noch im ganzen Lande war, ist heute kaum mehr vorstellbar. Landauf, landab herrschte Stille, die nur von natürlichen Geräuschen wie vor allem Tierstimmen und Wind durchdrungen wurde. Störgeräusche waren fast unbekannt, da Autos und Flugzeuge Einzelerscheinungen waren.

Wenn ich von 1954 bis 1959 nachts mit dem Fahrrad von Nagold auf die Alb nach Hause fuhr, radelte ich oft stundenlang ohne Licht, das Mondlicht reichte, und nur ganz selten musste ich es kurz einschalten, wenn etwa auf der B 27 bei der „großen Stadt“ Hechingen mal ausnahmsweise ein Auto auftauchte. So eine 5-Stunden-Fahrt war wie ein Abenteuer: Unter den Obstbäumen, die noch fast alle Straßen säumten, suchten Rehe, Hasen und Dachse nach Fallobst, in den Bäumen riefen und flogen Steinkäuze, aus den Wäldern hörte man nah und fern überall Waldkäuze, aus den Wiesen Wachtelkönige, in den Dörfern – oft ohne eine einzige brennende Lampe – roch es aus den Ställen nach Kühen und warmem Dung, da und dort bellte ein Hund. Und wenn es hell wurde, sangen neben Myriaden von Lerchen im Gäu viele Grauammern, über allen größeren Wiesen jagten Braunkehlchen Insekten, auf den Alleebäumen saßen Rotkopfwürger – man konnte kaum alles erfassen!

Auch Möggingen war ein absolutes Stillleben. Kam ich ab 1961 mit dem Zug von Tübingen nach Radolfzell, hieß es zur Vogelwarte laufen – ganz selten fuhr einmal ein Auto des Weges. Der Dienstwagen der Vogelwarte wurde zu jener Zeit meist einmal pro Woche bewegt – für eine kurze Stadtfahrt oder zum Fleischholen für meine Stare. Und friedliche Stille war vorherrschend im Dorf wie in allen Fluren. Wer Gras holte, spannte eine Kuh vor den Wagen. Im Winter ging oft wochenlang kein Mensch ins Mindelseeried – es gehörte den Bekassinen, Raubwürgern, Grauammern u. a., die heute längst Heerscharen von Besuchern gewichen sind. Ums Schloss wimmelte es von Getier – allein in den riesigen Kastanien am Teich brüteten Dutzende von Vogelpaaren, Teichhühner suchten auf den ungeteerten Wegen nach Insekten, vor dem Torturm sonnten sich Schlingnattern – heute längst überfahren.

Ich habe den Verfall der Mögginger Vogelwelt 2003 in einer Arbeit mit dem Titel „Die Veränderungen der Brutvogelfauna in zwei süddeutschen Dorfgemeindebereichen in den letzten fünf bzw. drei Jahrzehnten oder verlorene Paradiese?“ dokumentiert (drei Jahrzehnte betreffen meinen heutigen Wohnort Billafingen). Das Resumée: Von damals 110 Brutvogelarten waren 35 Prozent ganz verschwunden oder nisteten nur noch sporadisch, 20 Prozent waren im Bestand geschrumpft, nur 35 Prozent der Arten waren stabil, und ganze zehn Prozent hatten ihren Bestand erhöht oder waren neu hinzugekommen. Folglich waren auch die Anzahl aller Individuen sowie die Vogel-Biomasse stark abgefallen, nämlich um jeweils 36 Prozent.

Und der Rückgang geht unaufhaltsam weiter – zurzeit verschwinden mit den letzten Kühen sogar die Rauchschwalben aus dem Dorf.

Nun, heute, gute zehn Jahre nach Erscheinen meiner Bilanz, würde ich hinter verlorene Paradiese kein Fragezeichen mehr setzen – eher zwei Ausrufezeichen. Und wie der Abschied von der guten alten Zeit und von den Vogelparadiesen meine Arbeit und mein Leben beeinflusst haben, davon mehr in den folgenden Kapiteln.

Zweifel am Job – der Weg zum Naturschutz

Vogel- und Naturschutz wurden für mich ein Muss mit dem Einsetzen widriger Umstände – und das geschah schon während meiner Seminarzeit in Nagold. Ein im benachbarten Walddorf gestarteter Falkenhof erregte meinen heiligen Zorn, als ich feststellte, dass die zur Schau gestellten Greifvögel dort miserabel gehalten wurden. Eine 1957 von mir im „Nagolder Anzeiger" veranlasste Reihe von Artikeln versetzte die halbe Stadt in Aufruhr, zumal ein großes Bekleidungshaus in Nagold den Betrieb unterstützte und das Staatliche Veterinäramt seiner Aufsichtspflicht nicht nachgekommen war. Aber mit viel Schützenhilfe, u. a. vom Nagolder Stadttierarzt und dem Rektor meiner Schule, stellte sich Erfolg ein und ermutigte mich zu neuen Taten. Die waren auch bald fällig.

Als 1956 neben einer Eisvogelbrutröhre ein Bagger auftauchte, um ein Stück Bach zu „sanieren", wurde ich beim Schultes vorstellig – und erreichte Aufschub. Als ich ein paar Wochen später wieder erschien – wegen einer frisch begonnenen Zweitbrut, direkt neben der ersten –, flog ich zwar raus, aber auch diese Brut kam durch. So wurde mir klar: Es ließ sich also mancherlei bewirken.

Einen recht ansehnlichen Erfolg gab es 1967. Mein Kommilitone und Hobby-Ornithologe Burkhard Kroymann alarmierte mich mit der Mitteilung, mein geliebter Butzensee bei Bodelshausen würde zugeschüttet. Ich war damals, gerade noch, bei Schüz am Staatlichen Museum für Naturkunde in Stuttgart tätig, und der Jurist (!) Kroymann kam auf eine geniale Idee: gemeinsame Fahrt zum Tatort und zum Bürgermeister und dort Vorstellung von mir durch meinen Begleiter als „Vertreter vom Staatlichen Naturschutz in Stuttgart"! Gesagt, getan – ich trat sehr energisch auf, und während dem anschließenden gemeinsamen Mittagessen mit dem Bürgermeister wurden bereits die Absperrungen errichtet, die weiteres Auffüllen verhinderten. Darüber erschien dann am 12. August ein fast ganzseitiger Artikel: „Eine Lanze für den Butzensee – Den See zuzuschütten ist nicht zu verantworten" im „Reutlinger Generalanzeiger" – und den Butzensee gibt's Gott sei Dank heute noch.

Bis 1973 war ich guten Glaubens: Mit solider Forschung und zweifelsfreien Ergebnissen lassen sich so knallharte Fakten für Naturschutz schaffen, dass entsprechende gesetzliche Grundlagen und politische Umsetzung nur noch die logische Konsequenz sein können. Ab 1973, als ich wegen meines Artikels über „Rückgangserscheinungen …" fast aus dem Institut geflogen wäre, wurde mir immer mehr klar: Forschungsergebnisse in Bezug auf Naturschutz haben so gut wie keinen Stellenwert, wenn sie Interessen von Wirtschaft und Politik entgegenstehen. Mit dieser Erkenntnis, die bis heute ganz erheblich zugenommen hat, bekam ich natürlich starke Zweifel an meiner Tätigkeit an der Vogelwarte und am Sinn der Grundlagen – und erst recht an der schutzrelevanten Forschung. Das verstärkte sich noch einmal dramatisch 1988. Damals hatten wir nach der großen Pressekampagne 1987 über „Der stille Einzug des ‚stummen Frühlings'" 1988 in der Arbeit „Vogelschutz: 100 Jahre lang bis in die ‚roten Zahlen' – ein neues Konzept ist unerlässlich" (in Natur und Landschaft, s. Quellen) vorgeschlagen, in allen politischen Gemeinden Deutschlands zehn bis 15 Prozent der Fläche für Naturschutzzwecke zu renaturieren. Um das Projekt in Gang zu setzen, bat ich unseren damaligen Bundeskanzler Helmut Kohl, einigen namhaften Biologen und mir in Bonn einen Termin für ein Ökologie-Gespräch mit ihm und Fachleuten aus verschiedenen Ministerien anzuberaumen. Kohl lud uns dann tatsächlich im Januar 1988 zu einem ausführlichen Gespräch ein, das durchaus positive Aspekte hatte, aber letztlich nichts bewirkte – alle Ansätze wurden schon im Vorfeld vor allem vom Landwirtschaftsministerium abgeblockt.

Ich habe mir schon auf der Heimfahrt überlegt, ob es nicht am besten wäre, meinen Beruf an den Nagel zu hängen. Aber was wären die Alternativen gewesen? Auf meine Stelle wäre sehr wahrscheinlich ein Vogelforscher nachgerückt, der gar nichts für Vogel- und Naturschutz getan hätte – denn davon gab es mehr als genug im Lande –, und dann hätte ich mich im Nachhinein schwarzgeärgert. Und als Aussteiger und Helfer irgendwo in einer Gärtnerei, im Wald oder in einer Biolandwirtschaft wäre ich natürlich als „spät ergrünter Versager“ abgestempelt worden und meine Stimme hätte stark an Gewicht verloren. So habe ich einen Mittelweg gewählt, den ich vor mir verantworten konnte: im Institut zu verbleiben, so viel Grundlagenforschung durchzuführen, wie notwendig war, um das Institut gut abzusichern, aber auch schon so viele schutzrelevante Arbeiten einzubauen, wie möglich war, und vor allem auf einen möglichst langen „Ruhestand“ bei guter Gesundheit zu hoffen und darauf hinzuarbeiten, indem ich mich dann ganz Naturschutzvorhaben widmen könnte – und das ist gottlob gelungen!

Was treibt der Emeritus?

Glücklicherweise haben es die Umstände im Institut und in der MPG erlaubt, dass ich, wie geplant, zum Januar 2005 meinen Emeritus-

Arbeitsplatz antreten konnte. Um mit meinem neuen Hauptvorhaben, dem „Biotopverbund Bodensee", so gleich richtig loslegen zu können, hatte ich schon 2003 begonnen, darauf zuzuarbeiten. Nachdem unsere Idee, ein bundesweites Renaturierungsprojekt zu starten, nicht gefruchtet hatte, wollte ich nun im Ruhestand einen Großversuch im Bodenseeraum durchführen nach der Vorgabe: „Gruppierungen von hochwertigen Lebensräumen – vorwiegend durch Renaturierung neu entstandene Feuchtgebiete (‚Naturoasen aus Menschenhand'), die so angelegt sind, dass sich deren relativ kleine Populationen von Tieren und Pflanzen durch ihre natürliche Ausbreitung verbinden, austauschen und zu größeren stabilen (Meta-)-Populationen formieren können." Bei diesem neuartigen Naturschutzkonzept war gedacht an Hunderte von Einzelmaßnahmen auf einer Fläche von mindestens 500 Quadratkilometern im nördlichen Bodenseehinterland, mit Start in der ausgeräumten Kulturlandschaft unseres Wohnortes seit 1995 – Billafingen. Dort sollte mitten in der Acker- und Wiesenlandschaft des alten Urstromtales ein Feuchtgebietskomplex völlig neu entstehen, etwa zehn Hektar groß, mit einem größeren Weiher, Tümpeln, Gräben, Schilfflächen und Hochstaudenfluren – der heutige „Heinz-Sielmann-Weiher und angrenzende Feuchtgebiete". Ihm sind inzwischen nochmals weitere rund zehn Hektar Wasserbüffelweide angeschlossen.

Ein solches Vorhaben kostet natürlich viel Geld – allein das Billafinger Projekt war mit rund 250 000 Euro veranschlagt, der Biotopverbund Bodensee insgesamt benötigt viele Millionen. Zum Glück traf ich in der Zeit der Anfangsplanung am 21. November 2003, als ich bei der Verleihung der Bayerischen Umweltmedaille in der Allerheiligenhofkirche in München den Festvortrag hielt, meinen väterlichen Freund Heinz Sielmann. Heinz war von dem Projekt sofort begeistert, entwickelte emsig mit visionäre Pläne, im Mai 2004 tagte dann der Stiftungsrat der Heinz Sielmann Stiftung in der Vogelwarte, und noch im selben Jahr haben wir zusammen mit dem Stiftungsrat Dieter Gutmann und dem Planungsbüro Senner einen Masterplan für die ersten rund fünf Jahre Biotopverbund entwickelt. Gegen Ende 2004 konnten wir mit den Bauarbeiten beginnen, und am 2. Juni 2005 – Heinz' 88. Geburtstag – wurde der erste fertige Biotop auf seinen Namen getauft.

Inzwischen sind in gut zehn Jahren fast 100 Einzelmaßnahmen im Biotopverbund fertiggestellt – mit Gesamtkosten von reichlich vier Millionen Euro – und viele weitere sind nach Heinz' Tod in höchst fruchtbarer Zusammenarbeit mit seiner Frau Inge und der Stiftung in Umsetzung und konkreter Planung. Die neue Strategie zeigt einzigartige ermunternde Erfolge – dazu drei Beispiele. Auf der Fläche des Billafinger Pilotprojektes wurden zuvor 30 Jahre lang Vögel, aber auch andere Tiere und Pflanzen regelmäßig erfasst. Die Vögel summierten sich von 1971 bis 2004 auf 115 Arten, wovon aber 14 Brutvogelarten verschwanden (Publikation s. Quellen). Nach Einrichtung des neuen Feuchtgebietes stieg die Anzahl der Vogelarten bis 2015 auf 179 (!) an, und 13 neue Arten brüten auch. Eine Erdkrötenpopulation vermehrte sich von „einer Handvoll" auf über 5000, und bisher wurden 35 der rund 75 in Deutschland nachgewiesenen Libellenarten im Gebiet beobachtet. Ähnlich positiv ist die Entwicklung bei anderen Insekten, Spinnen, Pflanzen u. a. Die neue Naturschutzstrategie ist so erfolgreich, dass sie nun beginnt, sich unter dem Motto „Jeder Gemeinde ihr Biotop" über Baden-Württemberg hinaus auf ganz Deutschland auszudehnen. Über das bisher Erreichte informieren eine Broschüre der Sielmann Stiftung (s. Quellen) und ein Film „natur exclusiv – Von Äpfeln, Wildgänsen und Teichrohrsängern" (Christian Herrmann, Bayerischer Rundfunk 2011).

Über das Gesamtvorhaben, das hoffentlich im Laufe der Zeit – wie ursprünglich geplant – alle Gemeinden Deutschlands erfassen wird, erscheint ein Buch in den Ullstein-Verlagen. Das Projekt Biotopverbund bereitet natürlich fast durchweg riesengroße Freude, zumal es alle Erwartungen übertrifft. Dass damit mein neuer „Beruf“, „Landschaftsgestalter für Naturschutzzwecke“, in mancher Woche weit mehr als 40 Stunden Arbeiten erfordert, lässt sich bei den vielen Erfolgen gut verkraften. Und auch viele Aussichten sind verlockend – etwa die geplante Wiederansiedlung des Waldrapps bei Überlingen!

2004/2005 galt es, noch etwas anderes Wichtiges zu erledigen. Meine Frau und mich hat es seit langem geärgert, dass „moderne Vogelschützer“ mehr und mehr das Füttern freilebender Vögel verteufelten. War etwa der „Bund für Vogelschutz“ noch durchweg auch ein Verein von Nistkastenbetreuern und Vogelfütterern gewesen, erkannten in jüngerer Zeit auch engstirnige Gummistiefel-„Ökologen“ zwar noch ganz richtig, dass vor allem fortschreitende Lebensraumvernichtung viele Vogelbestände schrumpfen lässt, aber der damit verbundene eklatante Nahrungsmangel wurde dabei seltsamerweise kaum erwähnt und die dringende Notwendigkeit, zuzufüttern, schon gar nicht. Mit Aufrufen wie „Nicht füttern – gebt uns das Geld, wir machen für Euch den richtigen Naturschutz“ wurde dann der ideologische Hintergrund solcher Kampagnen ganz offenbar.

Als schließlich in einer Broschüre vom BUND über „Vögel im Winter“ (2002) drauflos schwadroniert wurde: „Vögel brauchen keine Fütterung“, „Es wird … vermutet, dass jedes Jahr mehr Vögel an unsachgemäßer Fütterung sterben, als mit Hilfe der Fütterung vor dem Tod bewahrt werden“, „Hier findet keine biologische Auslese statt, sondern es überleben Vögel, die zufällig nicht das falsche Futter gefressen haben“ usw. – da war das Maß voll. Wir wollten diesem kaum zu unterbietenden Unsinn zunächst nur eine kurze geharnischte Erwiderung entgegenstellen. Als wir aber sahen, wie viel Literatur, und durchweg positive, vor allem aus Studien in England über das Zufüttern vorliegt, wurde schnell ein ganzes Buch daraus: „Vögel füttern –

aber richtig.“ Darin ließ sich endlich zusammenfassend zeigen, wie viele positive Effekte auf Vögel selbst Zufüttern im wintermilden England mit sich bringt – und erst recht bei uns, wie günstig sich Sommer- und damit Ganzjahresfütterung auswirkt u. v. m.

Dieses Buch, für viele Vogelfreunde ein Befreiungsschlag gegen die ideologisch verbrämte Miesmacherei wissensarmer, unprofessioneller, selbst ernannter Schützerlinge sektenartiger Verbandsgruppen, wurde in wenigen Jahren mit über 200 000 verkauften Exemplaren ein Bestseller – bis jetzt hat etwa jeder hundertste Bürger in unserem Land davon erfahren, zudem wurde es in drei weitere Sprachen übersetzt. Durch unseren Feldzug gegen die falschen Vogelfreunde mit Klingelbeutel wurde der Ausdruck Ganzjahresfütterung inzwischen endlich auch in Deutschland zu einem festen Begriff im Vogelschutz wie in der Futtermittelherstellung und das Füttern selbst zu einer neuerlichen Volksbewegung, die vermutlich mehrere Millionen Mitbürger inspiriert oder reanimiert hat. Das motiviert uns natürlich dazu, an unseren verschiedenen Großfutterstellen laufend weiterführende wissenschaftliche Untersuchungen zu betreiben, vor allem auch mit Hilfe von Beringung und Wiederfängen, Besenderung, durch Wahlversuche, kostenlose Tests von Futtervarianten für die wichtigsten Futtermittelhersteller usw., über die wir von Zeit zu Zeit berichten. Übrigens: In Ländern, in denen Vogelschutz von sachkundigen Profis angeführt wird, wie den USA, Großbritannien, Australien u. a. ist Ganzjahresfütterung eine Selbstverständlichkeit.

Soweit es die Zeit erlaubt, lässt sich neben den Buchprojekten noch die eine oder andere wissenschaftliche Originalarbeit abfassen, außerdem gibt es jährlich eine ganze Reihe von Führungen im Biotopverbund, auch noch manchen Vortrag, und bei guter Zeiteinteilung bleibt auch genügend Zeit für Familie, die kleine Landwirtschaft und manch gutes Essen oder Fläschchen Rotwein mit guten Freunden. So könnte es die nächsten 100 Jahre bleiben!

Ausblick

Immer mehr globale Forschung, aber immer weniger Vögel

1990, vor 25 Jahren, habe ich im „Ausblick" vom Buch „Vogelzug" geschrieben: „Was Zugvögel und Vogelzugforschung anbelangt, befinden wir uns, ähnlich wie in vielen anderen Bereichen der Natur und ihrer Erforschung, gegenwärtig in einer paradoxen Situation. Noch nie konnten in zwei Jahrzehnten wie den beiden letzten so viele neue Erkenntnisse über Zugvögel gewonnen werden … aber auch noch nie sind Zugvögel während unserer menschlichen Geschichte so stark global in Gefährdung geraten. Viele Zugvogelarten mussten inzwischen in die ‚Roten Listen' bestandsgefährdeter Tierarten aufgenommen werden …"

Diese paradoxe Diskrepanz hat sich im vergangenen Vierteljahrhundert weiter gewaltig verstärkt. Unsere Vogelwelt ist inzwischen so verarmt, dass man bei uns ein breit gefächertes Grasmückenprogramm, wie wir es 1968 begonnen haben, gar nicht mehr starten könnte. Zwar gibt es noch viele Mönchsgrasmücken, aber schon die nächstwichtigste Art – Gartengrasmücke – hat so stark im Bestand abgenommen, dass sie als Versuchsvogel kaum noch in Frage käme. Und Dorn- und Klappergrasmücke sind inzwischen so selten geworden, dass sie gänzlich ausscheiden würden. Unser großes Zuchtprogramm mit Rotschwänzen wäre heute ebenfalls undenkbar – der Gartenrotschwanz ist in unserem Aktionsbereich fast ganz verschwunden. Selbst bei ehemaligen Allerweltsarten ist es kritisch geworden – bei Staren ganz allgemein, aber selbst bei Amseln, zumindest lokal und temporär. Für unser Freilandprojekt im Amselprogramm war seinerzeit der Raum Ludwigshafen–Mannheim Untersuchungszentrum. Dieses Gebiet wurde jedoch in den letzten Jahren fast amselfrei: Dort hatte das Usutu-Virus besonders stark gewütet.

Und diese negativen Entwicklungen sind dabei, sich rasch und in großem Umfang fortzusetzen. Zunehmender Druck auf unsere landwirtschaftlich genutzten Flächen, u. a. durch Zuzug aus stärker werdenden Völkerwanderungen, die rezente Klimaerwärmung und ihre vielerlei Folgeerscheinungen, das Einschleppen zahlreicher neuer Parasiten über globale Netzwerke und auch der immer rigorosere Umgang mit unserer Natur (Stichworte: Vollernter im Wald, Neonikotinoide in der Landwirtschaft, Verkehrsexplosion auf Straßen und im Luftraum, um nur einige zu nennen), werden unsere Ökosysteme weiter schädigen und damit auch zunehmend mehr Vögeln den Garaus machen.

Damit ist mein Nachfolger Martin Wikelski sicher gut beraten, wenn er seine Forschung von vornherein global ausrichtet. Schon heute ist etwa eine Nachtschwalbe in Südamerika oder ein Bienenfresser in Afrika leichter zu besendern, zu telemetrieren und in seinem Verhalten zu studieren, als ein bei uns inzwischen selten gewordener Kuckuck, Pirol oder Steinkauz – von den erforderlichen Genehmigungen dafür ganz abgesehen.

Wenn die Entwicklung so weitergeht, wie ich sie an der Vogelwarte seit 1955 erlebt habe, dann wird Vogel- und vor allem Vogelzugforschung künftig am ehesten in einem möglichst weltweiten Kontext durchführbar und erfolgreich sein. In diesem Sinne ist vor allem Martins Großprojekt „Icarus" (International Cooperation for Animal Research Using Space) offenbar auf einem richtigen Weg. 2016 soll der neue „Tierwächter", der vor allem Wanderungen kleinerer, bisher wenig untersuchter Arten erfassen kann, auf der Raumstation ISS installiert werden, unterstützt vom Deutschen Zentrum für Luft- und Raumfahrt, von der russischen Raumfahrtorganisation Roskosmos und natürlich von der MPG. Ziel ist es, „ganz neue Erkenntnisse über das Leben und Sterben, die Physiologie und das Verhalten von wandernden Tieren zu gewinnen." Wenn das Projekt glückt, dann wird es sicher spannende Ergebnisse in Hülle und Fülle liefern.

Iain Couzin, der zweite Direktor in unserem Institut, widmet sich dem Schwarmverhalten von Tieren (Heuschrecken, Fischen, Vögeln) und dabei vor allem der Frage, was der Schwarm über das Individuum hinaus alles „weiß und kann" und damit Tieren nützt.

Hier müssen dann neue Bücher anschließen mit den entsprechenden Fortsetzungsberichten. Ob Aussicht besteht, dass die zunehmend global ausgerichtete und immer intensiver werdende Forschung eines Tages dem „Rest" der inzwischen weltweit ständig abnehmenden Vögel doch noch helfen kann, besser über die Runden zu kommen als bisher, dazu mehr im Schlusswort, Seite 204.

Rossitten heute: „Vogelwarte" Rybachy

Es gibt sicher nur wenige Institute auf der Welt, die nach ihrer Schließung gleich doppelt wiederauferstanden sind – mit der Vogelwarte Rossitten war es so. Nach ihrer Auflösung 1944/1945 auf der Kurischen Nehrung erfolgte zum einen ihre Wiedergeburt 1946 als „Vogelwarte Radolfzell", zum anderen aber auch in „Rybachy", wie das ehemalige Rossitten seit Kriegsende im heutigen russischen Distrikt Kaliningrad (früher Königsberg) heißt. Dort wurde nämlich auf Betreiben des Ornithologen Prof. Dr. Lew O. Belopolskij 1956 am alten Platz der Vogelwarte die „Biologische Station Rybachy" gegründet, und zwar als Außenstelle des Zoologischen Instituts der Russischen Akademie der Wissenschaften in St. Petersburg. Sie hat bald darauf, vor allem unter der Leitung von Viktor Dolnik, als „russische Vogelwarte" mit Schwerpunkt Vogelzugforschung wieder Weltruhm erlangt. In diesem neuen Institut ist von Anfang an in höchst dankenswerter Weise die alte Tradition hoch und die Verbindung zu den ehemaligen Kollegen, nun im Westen, warmgehalten worden. So ließ Belopolskij, damals unter Lebensgefahr, über dem Grab von Thienemann, nahe der alten Vogelwarte im Walde gelegen, eine dicke Betonplatte gießen, um es so vor den dort überall buddelnden Grabräubern zu schützen. Und neben dem neuen Schild der Biologischen Station am alten Institutsgebäude prangt auch heute noch die ursprüngliche Tafel „Vogelwarte Rossitten".

Unvergessen bleibt die erste große offizielle Begegnung zwischen „Ost" und „West" gleich nach der Wende 1991. Ich hatte eine „Vogelwarten-Reise" organisiert, und zusammen mit Franz Bairlein (Institut für Vogelforschung), Axel Siefke (Vogelwarte Hiddensee), Rolf Schlenker und Uli Querner reisten wir mit der Fähre von Rügen über Kleipeda und die Nehrung an – den VW-Bus voll bepackt mit Speckseiten, Kaffee, EDV-Geräten u. v. a. m. Das Treffen mit unseren bis dato wie weggesperrt lebenden Kollegen war mit das Herzlichste, was wir in unserer Vogelwarte-Zeit erleben konnten. Dass daraus eine dauerhafte Freundschaft wurde – von der Zeit des damaligen Direktors Alexander Bardin über Casimir Bolshakov bis zu der des heutigen neuen Chefs Nikita (Chernetsov) –, das hätten kein Stalin und kein Putin verhindern können. Mit von der Partie war seinerzeit auch die Journalistin Ellen Norten – sie hat über das nahezu säkulare Treffen u. a. eindrucksvoll im Deutschlandfunk berichtet.

So war es auch für uns Ehrensache, dem Institut zu helfen, als es nach der Wende mit der Verarmung der Akademie der Wissenschaften in lebensbedrohliche Schwierigkeiten geriet. Ich machte meinen väterlichen Freund Heinz Sielmann hilfesuchend auf diesen Umstand aufmerksam, und er, der in Rossitten 1937 seinen ersten Tierfilm „Vögel über Haff und Wiesen" gedreht und Thienemann noch gut persönlich gekannt hatte, sprang mit seiner Stiftung sofort ein. Daraus wurde ab 1997 eine dauerhafte großzügige Unterstützung, die wesentlich zum Überleben des Instituts beigetragen hat, ebenso wie ein 1996 gegründeter „Freundeskreis". Heute steht es gut gefestigt da, betreibt hervorragende Forschung, gibt eine eigene Zeitschrift heraus und hat vor allem auch eines: glänzende Aussichten für die Zukunft.

Nach wie vor ziehen jährlich viele Millionen Vögel durch Rybachy und füllen die Fangkästen am Ende der Reusen für die Beringung und vielerlei Untersuchungen wie Fischernetze in guten Fanggründen. Und das dürfte auch dann noch der Fall sein, wenn um Schloss Möggingen oder auf der Mettnau in einigen weiteren Jahrzehnten Vögel vergleichsweise nur noch als Einzelwesen in Erscheinung treten werden. Dann könnten wieder Jungornithologen aus Deutschland nach Rybachy reisen, um einmal wirklichen Vogelreichtum zu erleben, so wie früher Gustav Kramer, Hans Löhrl, Friedrich-Wilhelm Merkel und Hunderte andere, als Rossitten noch das Mekka der Ornithologen war.

Zum Schluss noch ein paar Schmankerl vom ersten großen Besuch in Rybachy 1991. So arm Dorf, Institut und Umland auch waren:

Es gab vorzügliche Fische, z. B. geräucherten Aal, und unbegrenzt Alkohol. Sich dem Wodka zu entziehen, war für uns praktisch unmöglich, selbst bei langen Nachtsitzungen konnte ein schon stark schwankender Einheimischer immer noch irgendwie erschnuppern, wenn wir zur Vorsicht Tee statt Wodka in unseren Bechern hatten. Seine echte Freude hätte der alte Thienemann gehabt, als wir einmal tief in der Nacht im ellenlangen Institutsflur mit scharfer Munition auf Flaschen geballert haben – für seitlich aus ihren Türen Tretende nicht ganz ungefährlich. Auch wissen wir heute, warum eine Pilzart, die häufig in den Kiefernwäldern der Nehrung vorkommt, Sandröhrling heißt. Diese Pilze, die eingelegt wie saure Gurken auf den Tischen standen, machten jedes Zähneputzen entbehrlich: Der in ihnen enthaltene Dünensand reinigte durch bis zum Enddarm.

Mich hatte es böse erwischt im Holzhaus der Außenstation „Fringilla", dem früheren „Ulmenhorst". Dort ermunterte uns der emeritierte Viktor Dolnik bei einem Empfang zu Trinksprüchen, und ich sagte in etwa: „Russen saufen alles. Nach dem Einmarsch im Sudetenland 1945 erlebte ich, wie sie sogar den Brennspiritus aus einem Glas soffen, in dem mein Vater eine Kreuzotter als Dauerpräparat eingelegt hatte. Ein Prost auf alle Russen, die alles saufen können und das meiste sogar vertragen!" Nach dem Prosten und großem Hallo in der Runde erhob sich Viktor und sagte: „Peter – was die Russen können, kannst du auch!" Dann ging er kurz aus dem Raum, und als er zurückkam, hielt er in der Hand: ein Glas mit einem Kreuzotterpräparat, aus dem der Alkohol weitgehend entwichen war. Von der restlichen gelblich braunen „Soße" – trüb von Hornschuppen und Zerfallsprodukten – füllte er bedächtig zwei Schnapsgläser, ließ eines mir reichen und prostete mir dann zu: „Auf Peter den Großen, der auch alles saufen kann – wie ein echter Russe – Prost!" Zum Glück ist mir bis zum baldigen Aufbruch alles im Magen geblieben – und am Eingang konnte ich ein paar Berberitzebeeren kauen, im Volksmund Essigbeeren genannt. Diese Säuerlinge regten meinen Speichelfluss derart an, dass mein Kreuzotteranteil vollends friedlich im Bauch blieb. Gegen dieses „Russisch Roulette", bei dem Viktor eindeutig den Haupttreffer gelandet hatte, war die anschließende Rauchsauna fast ein Spaziergang. Allerdings – nur Franz und ich haben sie von unserer Gruppe zu testen gewagt, nachdem wir erfahren hatten, was Micha, zuvor Goldschürfer in Kamtschatka und Tigerfänger im Amur-Gebiet, sich als Prozedur für uns ausgedacht hatte: nach der „Gar"-Phase im Wasserdampf und Rauch „Weichklopfen" mit Büscheln aus, der Reihe nach, Birke, Wacholder und Brennnessel! Wie es war? Köstlich!

Ein ganz persönliches Schlusswort

115 Jahre Rossitten/Radolfzell – und ich konnte 60 Jahre mit dabei sein! Was wurde in dieser Zeit allein in unserem Institut alles erforscht – und was in allen verwandten Einrichtungen in aller Welt! Selbst eng zusammengefasst würden Bände darüber ganze Regale füllen, ein großartiger Erkenntnisgewinn zur Freude von Heerscharen von Naturfreunden.

Nur einer Gruppe von Beteiligten hat dies offenbar gar nichts genutzt: den Vögeln. Sie waren zwar Forschungsobjekte – für viele karrieregeile Vogelforscher nur das, für andere auch „Mitarbeiter" oder gar Lieblinge, aber sie haben von all der Forschung, immer mehr, immer intensiver, subtiler, immer mehr global, zunehmend interdisziplinär, überhaupt nicht profitiert: Es ging ihnen noch nie so schlecht wie heute, und ihre Aussichten für die nähere Zukunft besagen, dass es eher noch schlechter weitergehen wird.

Ein paar wenige Zahlen: Nach dem Living Planet Index 2008 des WWF hat die biologische Vielfalt der Erde von 1970 bis 2005 – also in etwa meiner Zeit als Vogelwarte-Mitarbeiter – um 27 Prozent abgenommen, darunter im Mittelfeld auch die Vögel. „DBU aktuell" vermeldet im September 2014: „Nach einer jüngst veröffentlichten Studie des Bundesamtes für Naturschutz ist der Trend abnehmender Biodiversität in Deutschland nach wie vor ungebrochen" – die Vögel liefern dafür das am besten untersuchte Beispiel. Inger et al. veröffentlichten 2014 in „Ecology letters" die alarmierende Übersicht über den Zustand der Vögel Europas: Rückgang um 20 Prozent in den letzten 30 Jahren – davon besonders betroffen ehemalige Allerweltsarten wie Spatzen, Star, Feldlerche usw. Nach unseren Recherchen haben wir in Deutschland seit 1850 mindestens 60 Prozent der damaligen Vogelindividuendichte verloren.

Wie konnte das geschehen, war doch der „zweckmäßige Vogelschutz" bereits als eines der neuen Hauptuntersuchungsgebiete in der Satzung von 1901 der ersten Vogelwarte der Welt – Rossitten – verankert? Und danach hat sogar fast jedes Bundesland eine spezielle Vogelschutzwarte ins Leben gerufen, von denen immerhin an einigen wie in Bayern unter Einhard Bezzel bis in jüngste Zeit vehement für Vogelschutz gekämpft wurde.

Die Antwort ist, wenn auch grauenvoll, so dennoch nach meinen jahrzehntelangen Erfahrungen sehr einfach: Es liegt an der völligen Unzulänglichkeit unserer immer mehr wie irre agierenden menschlichen Gesellschaft. Mein Kollege Prof. Dr. Ernst-Detlef Schulze (MPI für Biogeochemie, Jena) bezeichnet sie als „schizophren" und führt dafür folgende u. v. a. Gründe an: Sie heizt z. B. zunehmend „umweltfreundlich" mit Holz, wobei der Brennholzbedarf schon heute die nachhaltige Nutzung unserer Wälder übersteigt, so dass zur Energieverstärkung Pellets aus Nordamerika, Methanol aus Südamerika und Pflanzenöle aus Indonesien importiert werden.

Für unsere derzeitige Gesellschaft scheint mir der Begriff schizophren, also spaltungsirre mit lichten Phasen, schon fast geschmeichelt zu sein; unsere heutige Gesellschaft verhält sich weit mehr permanent irre. Ganz allgemein: Hatten wir nicht einst Maschinen erfunden, um uns damit körperliche Arbeit zu erleichtern? Wenn ja, müssten dann nicht heute z. B. alle Landwirte, mit riesigen helfenden Traktoren gesegnet, schon am frühen Nachmittag „Feierabend" haben im Vergleich zu der früher üblichen Plackerei? Und selbst in meiner Jugendzeit, in der Feldarbeit noch überwiegend Knochenarbeit bedeutete, war Feierabend meist wenigstens mit Einbruch der Dunkelheit „normal". Heute hingegen pflügen „Nebenerwerbslandwirte", die das Kostbarste, was wir haben, nämlich unsere Ackerflächen, oft „nebenbei" bewerkeln müssen, nicht selten im Dunkeln „wie irre" ihre Feldfluren bis gegen Mitternacht im Licht riesiger Scheinwerfer. Und andere „Irre" machen nächtens nebenan mit Vollernter genannten Höllenmaschinen ganze Wälder kurz und klein, die dann bei Tagesanbruch aussehen wie nach der Schlacht bei Verdun. Dabei gab es einmal hehre Ideale einer „Schutzgemeinschaft Deutscher Wald" oder Ameisenschutzwarte, die sogar Schutzhauben für Ameisenhaufen an sorgsam gepflegten Waldwegen aufstellen ließ …

Und während „Irre" nachts auf den Feldern pflügen und Wälder „nachhaltig" zerhackstücken, tobt auf unseren Autobahnen und Fernstraßen der nächtliche Teil des täglich 24-stündigen Kampfes aller gegen alle – in fahrenden Ersatzteillagern, Schnelltransportern, Probe fahrenden Monstertrucks, Bussen voller heimatloser Rentner auf Zerstreuungsfahrten u. v. a. m., in unserem „irren" Land sogar vielfach ohne Geschwindigkeitsbegrenzung. Und wofür: für den Fortschritt. Diesen Fort-Schritt verspüren wir ständig und all überall: Schritt für Schritt fort – fort von allem Menschlichen, das in der noch gar nicht weit zurückliegenden „guten alten Zeit" meiner Jugend noch eine im Vergleich zu heute große Rolle gespielt hat.

Selbst der so hochgepriesene Fortschritt in der modernen Medizin offenbart „irre" Züge: Zwar erleiden wir einerseits etwa immer weniger Schmerzen – vom Zahnarzt über schmerzfrei arbeitende Ersatzgelenke bis zum schmerzarmen Krebstod –, aber andererseits konfrontieren wir in einer zunehmend entmenschlichten Gesellschaft völlig hilflose Ärzte mit immer mehr „gestörten" Schulkindern, Scharen von durch Burn-out aus der Bahn geworfenen Erwerbstätigen und drastisch zunehmend einsam Sterbenden, die weiß Gott wie zum Sterben „begleitet" oder „gebracht" werden sollten.

Klar – in einer derart irren Gesellschaft hat natürlich wirksamer Vogelschutz kaum Platz, müssen Vögel zwangsläufig abnehmen, und da hat auch allgemeiner Naturschutz keinen nennenswerten Stellenwert, ja nicht einmal der Anteil von Umweltschutz, der die allernotwendigsten Grundlagen der nächsten ein, zwei Generationen von Menschen, also unserer Kinder und Enkel, sichern sollte. Wie sonst könnte es sein, dass der Erhalt der Reste der Biosphäre durch nachhaltige Land-, Forst- und Fischereiwirtschaft, sorgsamer Umgang mit begrenzten Ressourcen wie Erdöl und Edelmetallen oder Begrenzung des Klimawandels immer noch Wunschträume sind? Jede bislang veranstaltete Weltkonferenz zur Stabilisierung der inzwischen lebensbedrohlichen Umweltverhältnisse war eine Farce – einschließlich Paris 2015 –, weitere sollte man sich deshalb eigentlich sparen.

Was schließe ich aus alledem? Haben wir alles falsch gemacht? Hätten wir ganz anders zu Werke gehen sollen? Mitnichten. Was wir heute wissen, ist das Ergebnis eines langen Prozesses, der erst einmal durchlaufen werden musste, um zu den heutigen, wenn auch bitteren Erkenntnissen zu gelangen. In der „heilen Welt" meiner Jugendzeit sah es noch so aus, als fehlten in vielen Bereichen des Vogel- und Naturschutzes „einfach" noch die wissenschaftlichen Grundlagen, die dann nach Erforschung „einfach" zu entsprechenden Maßnahmen hätten führen müssen.

Ab 1973, als ich – allzu kämpferisch für den Naturschutz – fast aus dem Institut geflogen wäre, wurde mir immer mehr klar: Noch so gut gesicherte wissenschaftliche Grundlagen für Natur- und Umweltschutz nützen so gut wie gar nichts, wenn sie den Interessen von Landwirtschaft, Industrie, Verkehr – kurz dem Fortschritt – entgegenstehen. Dann werden sie nämlich von den immer mit dem Fortschritt durch Lobbyismus und Korruption durchweg stark verbandelten Politikern keinesfalls umgesetzt, sondern ignoriert, in Frage gestellt, lächerlich gemacht, bekämpft oder auch manipuliert – je nach der potenziellen Gefährdung eigener Interessen.

Inzwischen ist es für die Rädelsführer unserer irren Gesellschaft noch einfacher geworden: Sie müssen kaum noch wider besseres Wissen handeln, wie das früher oft der Fall war. Heute entsteht nämlich durch eine Flut von eilfertig publizierten Kurz- und Schnellmitteilungen von Wissenschaftlern, oft online und nicht selten widersprüchlicher Natur, durch anschließend breite populärwissenschaftliche Behandlung der Ergebnisse in den Medien und im Internet ein Brei von Halbwissen, aus dem sich jeder Politiker, der ein Smartphone zu handeln vermag, schnell herauspicken kann, was ihm gerade am besten passt. Und das gilt für Schwarz wie Rot, für Gelb und selbst für Grün, wie etwa die derzeitige grüne Politik in Baden-Württemberg zeigt: Umweltschutz für Menschen, aber gegen die Natur, wie z. B. Windräder bis in Schutzgebiete und nahe an Milan-Horste, halbherzige Stützmaßnahmen im Streuobstbau u. v. m.

Aus diesen Erkenntnissen ergibt sich glasklar: Naturschutz und damit auch Vogelschutz beginnt nicht da, wo er erdacht wird, sondern dort, wo er gemacht wird. Das heißt: Es nützt so gut wie gar nichts, wenn Naturwissenschaftler, wie etwa ich an der Vogelwarte, Grundlagen für Vogelschutz erarbeiten, sie dann der Öffentlichkeit mitteilen und hoffen, dass schließlich „gute" Politiker sie auch umsetzen werden. Da muss ich nach einem langen Arbeitsleben sagen: Da wird man in unserer irren Gesellschaft vergeblich warten. Wirklich gute, schnelle und nachhaltige Erfolge im Naturschutz habe ich erstmals erlebt, seit ich die bereits 1988 von uns propagierten Renaturierungsmaßnahmen ab 2004 im „Biotopverbund Bodensee“ selbst mit in die Tat umsetze – Schritt für Schritt – Fortschritt im positiven Sinne.

Ähnlich gute Erfolge bringt die von uns aus der Praxis heraus entwickelte und dann vor allem auch vorgelebte Ganzjahresfütterung von Vögeln. Und ein weiteres wunderbares Beispiel habe ich kennengelernt – und zusammen mit meinem ehemaligen Mitarbeiter Arnold Sombrutzki näher untersucht und beschrieben: das Vogelparadies „Land des Friedens“ der Gabriele-Stiftung bei Würzburg (s. Quellen). Dort ist es gelungen, eine 550 Hektar große Hofgutfläche, bis 1990 zur Saatgutproduktion überaus intensiv genutzt, jetzt so tier- und pflanzenfreundlich zu bewirtschaften, dass sie heute wieder eine Vogelfülle beherbergt, wie sie bei uns bis in die 1950er Jahre typisch war.

Die genannten Beispiele zeigen dreierlei: Erstens, die Natur ist trotz ihrer schweren Schädigungen gerade auch in unserem Land gottlob noch regenerationsfähig; es lohnt sich also noch, ihr durch neue „Oasen aus Menschenhand“ wieder auf die Sprünge zu helfen. Zweitens, Renaturierung lässt sich da erreichen, wo wir selbst Hand anlegen und nicht nur Vorschläge machen und dann irrational hoffen, dass andere sie schon umsetzen werden. Deswegen waren Aufrufe wie „Rettet die Vögel, wir brauchen sie“ Schall und Rauch – es muss heißen: „Wir retten die Vögel, weil wir sie brauchen.“ Drittens, die Anzahl von Menschen, die Natur lieben, die Sehnsucht haben nach intakter, nachhaltiger Natur, die wie ein Stück Heimat wieder gute Perspektiven für die Zukunft gibt, ist weit größer als gedacht – gerade auch bei vielen inzwischen „Abgeirrten“.

Zusammen mit solchen Gleichgesinnten und Hoffnungsträgern lohnt es sich, auch künftig Vögeln im Speziellen und der Natur im Allgemeinen weiter so gut es geht über die Runden zu helfen. Für mich ist außer Zweifel, dass sich die heutige irre Gesellschaft in vermutlich spätestens hundert weiteren Jahren im Wesentlichen „aufgerieben“ haben wird. Und selbst wenn es dabei in schrecklichen Prozessen sogar noch zu einem Krieg mit Atomwaffen oder zumindest zu Kernkraftwerkshavarien etwa durch „Terroristen“ kommen sollte – nichts von alledem könnte „das Leben“ auf der Erde auslöschen, wie gelegentlich manche Spinner behauptet haben. Untersuchungen aus dem Umfeld von Tschernobyl zeigen uns, wie gut dort inzwischen wieder Vögel, Mäuse leben können – fast unbehelligt von Menschen. Und je mehr Vögel, je mehr Natur wir hinüberretten können in die Ära nach der jetzigen Periode des irren Homo „sapiens“ (oder besser Homo suizidalis), desto breiter wird die Ausgangsbasis für eine neuartige Evolution sein. Es wäre höchst interessant zu wissen, wie viele unserer Nachfahren da mit dabei sein werden – Hoffnung besteht für manch einen!

Und vielleicht zum Schluss noch ein paar Worte für junge Leute: Ich würde natürlich auch heute wieder von Anfang an hart arbeiten, mich möglichst von nichts abschrecken lassen und selbstverständlich auch wieder studieren, um möglichst viel von den nahezu unfassbaren Wunderwerken der Natur zu erfahren. Natur zu erleben und zu verstehen ist nach wie vor für die allermeisten Menschen das Beglückendste, was sie erfahren können, auch wenn viele arme „Glücklose“ heute diese Erkenntnis selbst gar nicht mehr gewinnen können. Und mit richtig solidem Wissen durch lebenslanges Studium kann man auch in unserer irren Gesellschaft so manchen üblen Zeitgenossen immer noch außer Gefecht setzen.

Als Leitspruch für die künftige Arbeit eines Ornithomanen wie mir könnte ich mir den von Don Bosco vorstellen:

„Fröhlich sein – Gutes tun
und die Spatzen pfeifen lassen“,

heutzutage ergänzt durch den inzwischen notwendigen Zusatz:

„… und dafür sorgen, dass sie auch weiter pfeifen können!“

Quellen

Fast alles, was ich in diesem Buch mitteilte, beruht auf Quellen, die schon heute oder zumindest später einsehbar und nachprüfbar sind. Dabei handelt es sich um Publikationen (Bücher, Arbeiten in wissenschaftlichen Zeitschriften), Rundschreiben (vor allem von der MPG), Protokolle, sehr viele Briefe und einige Aktennotizen. Viele wichtige Aussagen aus diesen Quellen sind als wörtliche Zitate wiedergegeben, und einige wenige bedeutsame Mitteilungen aus „gut unterrichteten Kreisen", die nicht näher benannt werden sollen, sind entsprechend gekennzeichnet. Nur Passagen aus meinem Privatleben, wie z. B. Jugenderinnerungen oder Streiche, sind aus der Erinnerung heraus formuliert. Damit schlussendlich im vorliegenden Buch alles seine Richtigkeit hat, wurde das Manuskript dankenswerterweise von vier hervorragenden Kennern der Vogelwarte sowie meiner Person kritisch durchgesehen: Baron Konrad von und zu Bodman, unserem letzten Schlossherrn, meinen früheren Mitarbeitern Rolf Schlenker und Uli Querner sowie von meiner Frau.

Sämtliche dienstlichen Unterlagen aus meiner Vogelwarte-Zeit und davor – soweit sie Ornithologie und Naturschutz betreffen, bis in die Schulzeit zurück – befinden sich in 650 Ordnern und Kapseln im Archiv der MPG in Berlin. Dieses Material ist dort satzungsgemäß in ca. 30 Jahren für Interessenten zugänglich. Damit Unterlagen für dieses Buch nicht mühsam zusammengesucht werden müssen, liegen sie in neun Ordnern „Buch VW" vor. Und im Folgenden aus meiner Publikationsliste (mit derzeit 446 Arbeiten – im Internet zugänglich unter www.orn.mpg.de) die 25 wichtigsten Veröffentlichungen mit Bezug auf das vorliegende Buch:

40. Berthold, P. (1973): Fortschreitende Rückgangserscheinungen bei Vögeln: Vorboten des „Stummen Frühlings". Mitt. Max-Planck-Ges., S. 18–33

107. Berthold, P. & U. Querner (1981): Genetic basis of migratory behavior in European warblers. Science 212: 77–79
139. Berthold, P., G. Fliege, U. Querner & H. Winkler (1986): Die Bestandsentwicklung von Kleinvögeln in Mitteleuropa: Analyse von Fangzahlen. J. Ornithol. 127: 397–437
150. Berthold, P., U. Querner & H. Winkler (1988): Vogelschutz: 100 Jahre lang bis in die »roten Zahlen« – ein neues Konzept ist unerläßlich. Natur Landsch. 63: 5–8
175. Berthold, P., U. Querner & R. Schlenker (1990): Die Mönchsgrasmücke. Neue Brehm-Bücherei Nr. 603. Ziemsen, Wittenberg Lutherstadt, 180 S.
177. Berthold, P. (1990): Vogelzug. Wissenschaftliche Buchgesellschaft, Darmstadt, 252 S., 7. Aufl. 2012, 280 S.
179. Berthold, P. (1990): Die Vogelwelt Mitteleuropas: Entstehung der Diversität, gegenwärtige Veränderungen und Aspekte der zukünftigen Entwicklung. Verh. Dtsch. Zool. Ges. 83: 227–244
180. Nowak, E., P. Berthold & U. Querner (1990): Satellite tracking of migrating Bewick's Swans. Naturwiss. 77: 549–550
198. Berthold, P. (1991): Patterns of avian migration in light of current global 'greenhouse' effects: A central European perspective. Acta XX Congr. Internat. Orn., Christchurch 1990, 780–786
210. Berthold, P., A. J. Helbig, G. Mohr & U. Querner (1992): Rapid microevolution of migratory behaviour in a wild bird species. Nature 360: 668–669
256. Bauer, H.-G. & P. Berthold (1996): Die Brutvögel Mitteleuropas. Bestand und Gefährdung. Aula, Wiesbaden, 715 S.
265. Berthold, P., G. Mohr & U. Querner (1997): Die Schleiergrasmücke: Genetische Grundlagen, rezente Beobachtungen und historische Aspekte dieser melanistischen Form der Mönchsgrasmücke Sylvia atricapilla. J. Ornithol. 138: 135–170

282. Berthold, P., W. Fiedler, R. Schlenker & U. Querner (1998): 25-year study of the population development of Central European songbirds: A general decline, most evident in long-distance migrants. Naturwiss. 85: 350–353

299. Berthold, P. (1999): A comprehensive theory for the evolution, control and adaptability of avian migration. Proc. 22. Internat. Ornithol. Congr., Durban (N. J. Adams and R. H. Slotow, eds.). Ostrich 70: 1–11

337. Berthold, P. (2001): Vogelzug als Modell der Evolutions- und Biodiversitätsforschung. Max-Planck-Ges., Jahrb. 2001, 27–48

361. Berthold, P. (2003): Die Veränderung der Brutvogelfauna in zwei süddeutschen Dorfgemeindebereichen in den letzten fünf bzw. drei Jahrzehnten oder: verlorene Paradiese? J. Ornithol. 144: 385–410

363. Berthold, P. (2003): Genetic basis and evolutionary aspects of bird migration. In: Advances in the Study of Behavior 33: 175–229

387. Berthold, P. & W. Fiedler (2005): 32-jährige Untersuchung der Bestandsentwicklung mitteleuropäischer Kleinvögel mit Hilfe von Fangzahlen: überwiegend Bestandsabnahmen. Vogelwarte 43: 97–102

393. Bearshop, S., W. Fiedler, R. W. Furness, S. C. Votier, S. Waldron, J. Newton, G. J. Bowen, P. Berthold & K. Farnsworth (2005): Assortative mating as a mechanism for rapid evolution of a migratory divide. Science 310: 502–504

398. Berthold, P. (2006): Schutzrelevante kooperative Auerhuhnforschung der Vogelwarte Radolfzell. Statuskolloquium „Menschen für Raufußhühner“. Freiburger Forstl. Forsch. Ber. H. 64: 71–91

400. Berthold, P. & G. Mohr (2006): Vögel füttern – aber richtig. Anlocken, schützen, sicher bestimmen. Kosmos-Verlag, Stuttgart, 80 S., 3. Aufl. 2012, 112 S.

422. Møller, A. P., W. Fiedler & P. Berthold (2010): Effects of Climate Change on Birds. Oxford Univ. Press, 321 pp

426. Pulido, F. & P. Berthold (2010): Current selection for lower migratory activity will drive the evolution of residency in a migratory bird population. PNAS 107: 7341–7346

427. Berthold, P. & A. Sombrutzki (2011): Ein Vogelparadies auf dem „Land des Friedens“. Falke 58: 268–273

441. Berthold, P. & S. Bublitz (2013): Jeder Gemeinde ihr Biotop – Neue Lebensräume für Tiere und Pflanzen – 10 Jahre gelungene Naturschutzarbeit, 2004–2013. Heinz Sielmann Stiftung, 43 S.

Impressum

Mit 37 Farbfotos, 43 Schwarzweißfotos und 9 Illustrationen. Alle Abbildungen stammen aus dem Bildarchiv der Vogelwarte Radolfzell/Rossitten, mit Ausnahme von Fototafel 4 unten (Foto: mit freundlicher Genehmigung aus J.C. Welty (1995) „Das Hungerjahr“, Fuck-Verlag Koblenz, S. 325), Fototafel 14 oben (Foto: mit freundlicher Genehmigung von Bild-Archiv Kieling), Fototafel 16 unten (Foto: Deutschland – Land der Ideen/Wolfram Scheible, anlässlich der Preisverleihung als „Ausgezeichneter Ort im Land der Ideen“ für MaxCine) und S. 185 (Foto und Text: Philipp Zieger, mit freundlicher Genehmigung des Südkuriers). Die Karte über die Zugwege auf Fototafel 11 wurde nach einer Vorlage des Autors von Annette Wrobel/Kartografie KOSMOS erstellt unter Verwendung von 14 Farbzeichnungen von Paschalis Dougalis.

Umschlaggestaltung von init. Kommunikationsdesign, Bad Oeynhausen, unter Verwendung von drei Bildern: Porträtfoto des Autors (Aufnahme: Gabriele Mohr), Blick auf den Bodensee (Aufnahme: Herbert Bauer) und Schloss Möggingen (Zeichnung: nach einem Gemälde von Holger Werner im Besitz der Familie von und zu Bodmann) auf der Umschlagrückseite

Der Inhalt dieses Buches ist sorgfältig recherchiert und erarbeitet worden. Dennoch können weder Autor noch Verlag für alle Angaben im Buch eine Haftung übernehmen.

Unser gesamtes Programm finden Sie unter **kosmos.de**
Über Neuigkeiten informieren Sie regelmäßig unsere Newsletter, einfach anmelden unter **kosmos.de/newsletter**

FSC www.fsc.org MIX Papier aus verantwortungsvollen Quellen FSC® C005833

Gedruckt auf chlorfrei gebleichtem Papier

ISBN 978-3-440-14679-8
Projektleitung: Stefanie Tommes
Redaktion: Bärbel Oftring
Produktion: Markus Schärtlein
Grundlayout: Populärgrafik, Stuttgart
Satz: typopoint GbR, Ostfildern
Printed in Tchèque Republic / Imprimé en République Tchèque